Jörg-Erhard Hofelich

Die Geschichte des Mercedes-Benz Unimog

110%
RA 04049
UNIMOG
1250

Jörg-Erhard Hofelich

Die Geschichte des MERCEDES-BENZ UNIMOG

BLV Verlagsgesellschaft
München Wien Zürich

CIP-Titelaufnahme der Deutschen Bibliothek

Hofelich, Jörg-Erhard:
Die Geschichte des Mercedes-Benz Unimog /
Jörg-Erhard Hofelich. –
München; Wien; Zürich:
BLV Verlagsgesellschaft, 1988
ISBN 3-405-13586-9

Bildnachweis:
Alle Fotos Daimler-Benz AG außer:
agrar press S. 47
Markus Dollenbacher S. 2, 50, 51
Pressefoto W. Mierendorf S. 48
Dr. Wolfgang Schiffer S. 17, 43 unten links, 48 oben (2×), 69
Halwart Schrader S. 7 links, 12 oben, 13 oben, 45 unten
Günter Sturm S. 83

Titelfotos:
Daimler-Benz AG (Vorderseite)
Günter Sturm (Rückseite)

Redaktion: Halwart Schrader
Gestaltung: Dieter Walter

Gesamtherstellung:
Ludwig Auer GmbH, Donauwörth

Printed in Germany · ISBN 3-405-13586-9

Inhalt

Statt eines Vorworts

Im März 1987 richtete Halwart Schrader an mich die Frage, ob ich Lust hätte, ein Buch über die Geschichte des Unimog zu schreiben. Aus der Zeit der Automobil-Chronik verbindet uns eine kollegiale Freundschaft, und ich habe nicht lange überlegen müssen, um einzuwilligen und diese mir gebotene Chance zu ergreifen.

Die »einfachste Sache der Welt« – sofern damit gemeint ist, einen beliebigen Text zu Papier zu bringen. Doch die Historie des Unimog unter Dach und Fach zu bringen, erwies sich ein aufwendiges Unterfangen. All die Nachforschungen, die Besuche diverser Archive und Bibliotheken, die Gespräche mit Fachleuten und Mitarbeitern mehr oder weniger bekannter Unternehmen, das Reproduzieren alter Unterlagen, das Vergleichen, Rechnen, Schreiben – all das nahm weitaus mehr Zeit in Anspruch als gedacht. Wenn man erst einmal an der Schreibmaschine sitzt, ist das Gröbste geschafft.

Wie so oft in der Industriegeschichte, stößt man auch beim Recherchieren der Unimog-Historie auf Widersprüche und anscheinend Ungereimtes, auf gegensätzliche Aussagen und von einander abweichende technische und sachliche Aussagen. Ich habe mich bemüht, allen Aspekten gerecht zu werden, soweit sie sich mir darboten, und darauf verzichtet, eigene Auslegungen oder Geschichts-Konstruktionen aufgrund von Indizien anzustellen, auch keine Werturteile über bestimmte Sachverhalte zu fällen, was ja auch einem Rechercheur nicht zukommt.

Ohne die Unterstützung vieler Mitarbeiter und Firmen wäre ich nicht imstande gewesen, meine Aufgabe zu erfüllen. So möchte ich insbesondere der Abteilung Museum-Archiv-Geschichte im Hause Daimler-Benz AG danken, vor allem Herrn Koller, ferner den Herren Grammer und Schaar, zuständig für Nutzfahrzeug-Belange in Stuttgart und Gaggenau. Sehr zu Dank verpflichtet bin ich auch Herrn Manfred Braun in der Firma Gebrüder Boehringer, Göppingen, der nicht nur einer der versiertesten Unimog-Kenner ist, sondern in dessen Entstehungsphase von 1947 bis 1950 dabei war. Manfred Braun hatte die Absicht, selbst ein Buch über den Boehringer-Unimog der Frühzeit zu schreiben und überließ mir seine in langen Nachforschungen zusammengetragenen Aufzeichnungen.

Dieses Buch ist ein bescheidener Beitrag zur Nutzfahrzeug-Geschichte, vielleicht aber nicht ganz uninteressant in Anbetracht der Wertschätzung, der sich der Unimog seit nunmehr fast vier Jahrzehnten in vielen Branchen rund um den Erdball erfreut.

Jörg-Erhard Hofelich

Erste Testfahrten mit dem Boehringer Unimog im Gelände. Die Konstruktion dieses Fahrzeugs war ohne Vorbild.

Der Unimog wurde im August 1948 auf einer Landwirtschaftlichen Ausstellung in Frankfurt am Main erstmals vorgestellt – unter dem Markennamen Boehringer.

Der Plan des Mr. Morgenthau

Der Krieg als Vater vieler Dinge

Noch im Sommer 1942 hatte es den Anschein gehabt, als könnte Deutschland mit seinen italienischen und japanischen Verbündeten den Krieg gewinnen. Doch mit Stalingrad kam die Wende, die Niederlage Deutschlands begann sich abzuzeichnen. Schon 1943 berieten Churchill, Roosevelt und Stalin mit ihren Außenministern auf der Konferenz von Teheran über das zukünftige Schicksal Deutschlands.

Kurze Zeit darauf entstand der Plan des ehrgeizigen amerikanischen Finanzministers Henry Morgenthau, der auf der Gipfelkonferenz auf Jalta im Februar 1945 einstimmig akzeptiert wurde. Neben der Aufteilung des Reiches durch die Siegermächte sah Morgenthaus Plan vor allem die Rückwandlung Deutschlands in einen reinen Agrarstaat vor. Jegliche Industrie, sofern nicht unmittelbar der Landwirtschaft zugeordnet, sollte von deutschem Boden verbannt werden. Die Herstellung von Automobilen, erst recht von Flugzeugen, aber auch von Werkzeugmaschinen wollte man langfristig unterbinden.

An den Morgenthau-Plan hielt man sich bis ins Jahr 1946 hinein, und auf ihm basierten nicht zuletzt die als Reparationsleistungen deklarierten Demontagen zahlreicher Industrie-Einrichtungen, sofern sie den Krieg überstanden hatten. Dennoch vermochten einige große und kleine Betriebe der Demontage zu entgehen, zumal die Besatzungsmächte sich ihrer schon bald bedienten, um sie für eigene Zwecke nutzbar zu machen. Im Volkswagenwerk wurden Autos für die britische Armee gebaut, bei BMW in München reparierte man US-Lastwagen, und bei Daimler-Benz entstanden im Auftrag prominenter US-Beamter unter anderem einige Exemplare der Vorkriegs-Personenwagen vom Typ W 142 und W 153 sowie einige Fahrzeuge des Modells 170 V. Ebenso verfuhr man bei Maybach in Friedrichshafen und bei Horch in Zwickau. Die Karosseriefabrik Spohn in Ravensburg fertigte Cabrio-Aufbauten für amerikanische Offiziere an, in Eisenach baute man einige Limousinen Typ BMW 320, 326 und 327 für ihre russischen Kollegen. Der Morgenthau-Plan wurde allenthalben unterwandert – selbst von seinen Initiatoren.

Die Werksanlagen der Daimler-Benz AG waren zu einem großen Teil zerstört, vor allem das Flugmotorenwerk in Berlin-Marienfelde. Wer es schaffte, schlug sich von Berlin und Ostdeutschland in den Westen durch, in der Hoffnung, dort wieder Arbeit zu finden.

Eine Völkerwanderung von Ost nach West setzte ein. Begonnen hatte sie bereits vor Kriegsende, und sie sollte noch lange Jahre dauern. Unter den Männern, die noch vor der Kapitulation von Marienfelde nach »Schwaben« kamen, befand sich auch der ehemalige Leiter der Flugmotoren-Entwicklung, Ingenieur Albert Friedrich, Jahrgang 1902. Er hatte sich nach Schwäbisch Gmünd durchgeschlagen, in dem in den vierziger Jahren bei der ehemaligen Gold- und Silberwarenfabrik Erhard und Söhne Kraftstofftanks sowie Ölkühler für Flugmotoren hergestellt worden waren. Und so mußte sich auch dieser Betrieb als Zulieferer der Wehrwirtschaft der Produktion landwirtschaftlicher Geräte zuwenden, wollte er der Demontage nach dem Buchstaben des Morgenthau-Plans entgehen.

Rechts: Einsatz im Weinbau. Das Fahrzeug ist auf seine Basisfunktion »abgemagert« – ohne Windschutzscheibe, ohne Türen, ohne Verdeck, ohne Pritschenwände. Am Fahrzeugbug hat man eine Seilwinde montiert.

Eine Idee nimmt Gestalt an

Entwicklung eines motorisierten Mehrzweckgerätes für die Land- und Forstwirtschaft

Albert Friedrich hatte offensichtlich versucht, nach dem Verlassen Berlins bei seinem früheren Arbeitgeber Daimler-Benz wieder eine Anstellung zu erhalten. Aber das Werk lag weitgehend in Schutt und Asche. Es sah in Stuttgart nicht sehr viel anders aus als in Berlin. An eine Arbeitsaufnahme war zumindest in den ersten Wochen nach Kriegsende nicht zu denken. Die Tätigkeit der verbliebenen Belegschaft beschränkte sich auf die Beseitigung der Trümmer und auf provisorische Wiederaufbau-Maßnahmen.

Unwahrscheinlich, daß unter diesen Umständen Friedrich und einige seiner früheren Kollegen auf die Gehaltslisten von Daimler-Benz kamen. An welchen Projekten sie damals arbeiteten – sie taten es sicher als freischaffende Ingenieure, nicht im Werksauftrag. Zumindest im Sommer des Jahres 1945.

In jene frühe Zeit der Nachkriegswirren darf man indessen die ersten Entwürfe zu einem landwirtschaftlichen Mehrzweck-Fahrzeug datieren, das später als »Unimog« einmal große Karriere machte. Unklar bleibt, unter welchem genauen Datum die ersten Überlegungen oder gar Skizzen entstanden. Nach Aufzeichnungen der Häuser Erhard und Söhne in Schwäbisch Gmünd beziehungsweise der Gebrüder Boehringer in Göppingen nach, nicht vor Kriegsende. Dem widerspricht scheinbar eine auf den 7. 1. 1945 datierte Entwurfszeichnung eines »motorgetriebenen Universalgeräts für die Landwirtschaft«, die ein Fahrzeug mit zentraler Anordnung des Motors, Front-Mähbalken und einem Aufbau zeigt, der dem bisheriger Wehrmachtsfahrzeuge ähnelt – noch ohne die für den späteren Unimog typischen Portalachsen mit je einem Vorgelege zwischen den vier Radnaben und den darüberliegenden Antriebswellen.

Auffallend ist hingegen die Ähnlichkeit mit einem 1944 bis zur Vorserien-Erprobung gediehenen Wehrmachtstransporter, der unter der Leitung Fritz Nallingers bei Daimler-Benz entwickelt worden war. Nallinger war Technischer Direktor und leitete die Konstruktionsabteilungen in Stuttgart-Untertürkheim und im Werk Gaggenau. Vor allem die Frontpartie des Fahrerhauses auf der erwähnten Skizze zeigt eine gewisse Ähnlichkeit mit dem Transporter.

Im Januar 1945 war Friedrich in Berlin-Marienfelde, wo Daimler-Benz Flugmotoren herstellte. Er dürfte dort kaum Gelegenheit gehabt haben, sich mit Entwürfen landwirtschaftlicher Fahrzeuge zu befassen, die zum Teil sogar seinen später geäußerten Auffassungen von einer Zugmaschine deutlich widersprachen. Friedrich plädierte nämlich von Anfang an nicht nur für Portalachsen, sondern – um ein Aufbäumen des Vorderteils beim Ziehen schwerer Lasten an extremen Steigungen auszuschließen – ganz entschieden für eine Motoranordnung über oder gar vor der Vorderachse, nicht in der Fahrzeugmitte.

Um was für ein Projekt handelte es sich also bei dem Entwurf zu jenem Universalgerät für die Landwirtschaft«, das die Handschrift Fritz Nallingers verriet – und wer stand dahinter?

Zugegeben: Genau läßt sich die Monatszahl auf dem Entwurf nicht deuten. Die Eins könnte auch eine Neun sein; so interpretiert, wäre die Zeichnung nicht am 7. 1. 1945, sondern am 7. 9. 1945 entstanden – oder zumindest datiert. Dies ergäbe einen Zusammenhang mit der am 13. 9. 1945 in Stuttgart-Hohenheim anberaumten Besprechung zwischen Landwirtschafts-Fachleuten und Angehörigen der Daimler-Benz AG. Das Protokoll – Schriftführer: Herr Birk von Daimler-Benz – nennt als Gegenstand der Konferenz ein »Universalgerät für landwirtschaftlichen Einsatz«.

Unter den Anwesenden vermißt man allerdings einen Namen – nämlich den des Technischen Direktors Nallinger. Als »Direktor«

wird indessen Albert Friedrich erwähnt. Und an der Authentizität des Protokolls ist nicht zu zweifeln.
Wie die Unterlagen im Daimler-Benz-Archiv bestätigen, arbeitete Friedrich mit seinem Stab zu jener Zeit – also im September 1945 – bereits wieder im Dienst des Stammhauses, allerdings ausquartiert in Räumen der Schokoladenfabrik Eszet. Die gesamte Kapazität und knappen Räume auf dem Werksareal benötigte Daimler-Benz seinerzeit für die Vorbereitung zur Wiederaufnahme der Personenwagen-Produktion – daher die Auslagerung diverser Abteilungen in »kleinere Betriebe«. Auf Basis des Vorkriegsmodells 170 V sollten (ohne Rücksicht auf die Pläne des Mr. Morgenthau) eine Reihe von Sanitätsfahrzeugen gebaut werden.
»Kleinere Betriebe« – damit waren zweifellos die Firmen Erhard und Söhne in Schwäbisch Gmünd sowie die Werkzeugmaschinenfabrik der Gebrüder Boehringer, Göppingen gemeint, wohin Friedrich und seine Leute alsbald umzogen. Und beide Firmen sollten in der Entwicklungsgeschichte des Unimog eine wichtige Rolle spielen.

Die Unterlagen und Aufzeichnungen, die beide Unternehmen archivieren, weisen gewisse Abweichungen voneinander auf, lassen zum Teil stark differierende Aussagen deutlich werden. Der Autor zitiert daher aus mehreren Quellen, ohne eine Präferenz setzen zu wollen.

1945 entstanden diese Zeichnungen zu einem »motorgetriebenen Universalgerät für die Landwirtschaft«. In dieser Form als Kübelwagen mit etwas rundlicher Karosserie wurde der Unimog indes nicht realisiert.

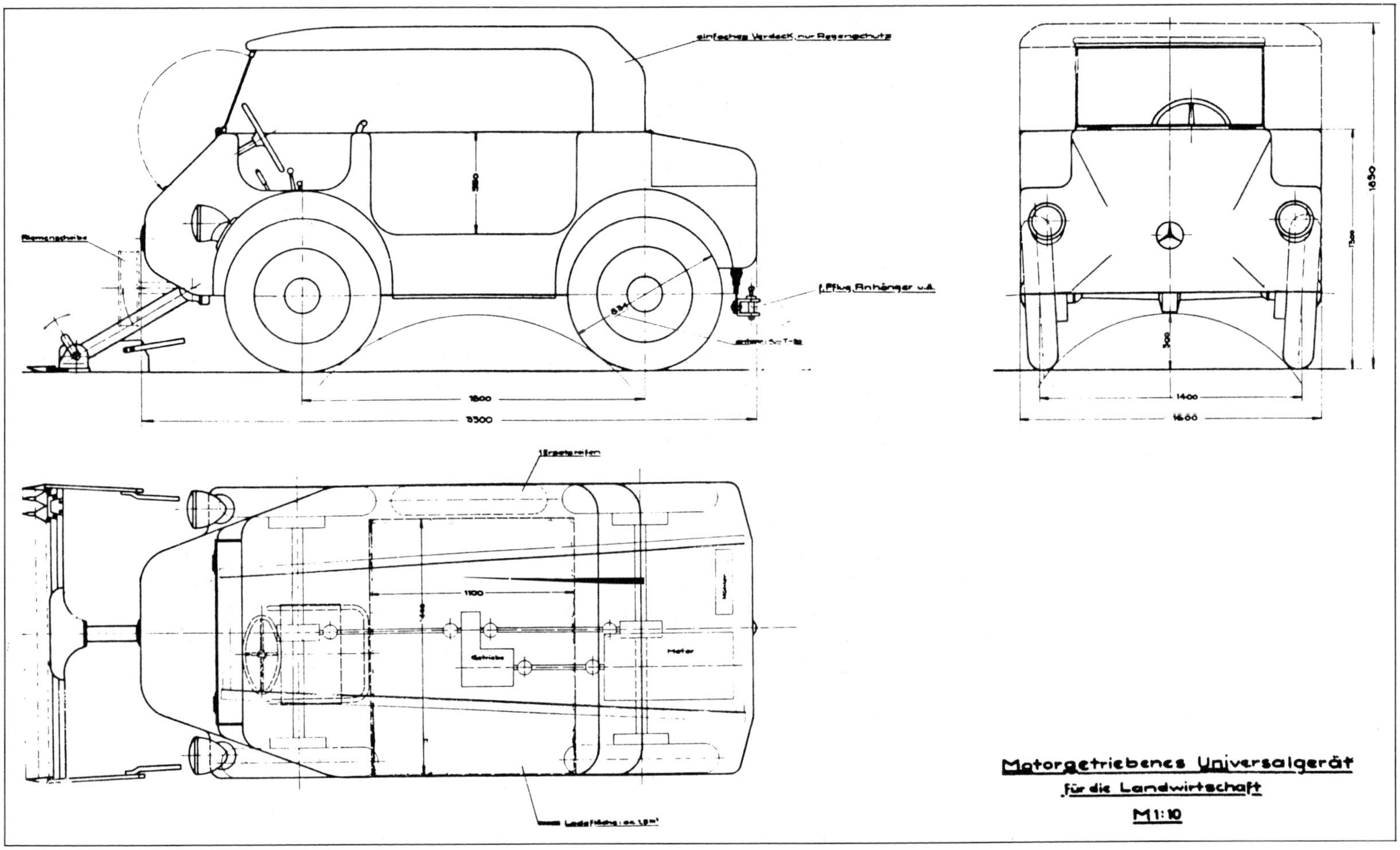

Vorfahr des Unimog – ein von Daimler gebauter Gelände-Lastwagen mit Allradantrieb von 1917, hauptsächlich fürs Militär gedacht. Links darunter: Ehrung für den Unimog-»Erfinder« Heinrich Rößler (links). Rechts daneben: Einer der ersten Boehringer Unimogs aus der Vorserie.

Spezialzubehör am Unimog macht das Fahrzeug äußerst vielseitig einsetzbar. Hier sieht man eine Riemenscheibe am Nebenantrieb an der Seite, einen Pumpenantrieb vorn sowie einen hydraulischen Lifter.

Alles ist möglich – auch eine Zwillingsbereifung des Unimog sowohl an der Vorderals auch an der Hinterachse.

Gereimtes und Ungereimtes

Widersprüche beim Quellenstudium der Unimog-Historie

Nicht nur die Aufzeichnungen der Firmen Ehrhard und Boehringer weichen von einander in etlichen Punkten ab, sie stimmen auch mit den Unterlagen des Hauses Daimler-Benz nicht immer überein. Eine Tatsache, die natürlich nicht erwartet werden kann.
Den Unterlagen von Erhard und Söhne zufolge kam Albert Friedrich (er starb im Jahre 1961) bei Kriegsende nach Schwäbisch Gmünd, mit ihm sein ehemaliger Mitarbeiter Heinrich Rößler, der zuvor als landwirtschaftlicher Arbeiter in der nahegelegenen Ortschaft Radelstetten untergekommen war. Friedrich dürfte über den Morgenthau-Plan durchaus informiert gewesen sein, und der Schluß liegt nahe, daß er sich mit Gedanken um einen neuartigen Schlepper für die Landwirtschaft beschäftigte.
Wie der Boehringer-Biograph Manfred Braun später schrieb, habe Friedrich für seine Schlepper-Idee bei Daimler-Benz keine Resonanz gefunden und sei aus diesem Grunde mit Erhard in Verbindung getreten. Original-Zitat Rößler:
»Nach dem intensiven Studium einschlägiger Literatur in Hohenheim und Feststellen der Erfordernisse wie Geländegängigkeit, Bodenfreiheit, Geschwindigkeit, Spurweiten, Gewichtsverteilung, Anbaumöglichkeiten (für Arbeitsgeräte wie Mähbalken etc.), Witterungsschutz, begann er (Friedrich) im November 1945 mit der Konstruktion ...«
Ferner: »Da Herr Friedrich weder bei Daimler-Benz noch bei anderen Automobilherstellern Resonanz für die Realisation seines Projekts bekam, fand er in der Firma Erhard und Söhne, einem Schwäbisch Gmünder Metallverarbeitungsbetrieb, einen idealen Partner, und mit deren damaligen technischen Leiter, Herrn Eduard Köhler, einen weiteren Mitarbeiter. Nachdem Herrn Friedrichs Entwurf von Herrn Rößler überarbeitet worden war, verließen im März 1946 die ersten Zeichnungen die Konstruktionsabteilung ...«
Anschließend beschreibt Manfred Braun im einzelnen, wie Zulieferer für die verschiedenen Teile – Motor, Bremsanlage, Elektrik, Räder, Getriebe und so weiter – gefunden werden mußten und wie es schließlich zum Start des ersten Versuchswagens im Oktober 1946 kam. Hans Zabel, so schreibt Braun, habe auch den Namen »Unimog« gefunden – eine Abkürzung von »Universal-Motor-Gerät«.
Dann schildert Brauns Bericht, wie Ende 1946 eine Karosserie für den Unimog entstand, welche Teile man von Erhard & Söhne kaufte, es waren Rahmen und Achsen, Tank, Pritsche und Batteriekasten, ebenso die Anbaugeräte.
Dieser Prototyp Nummer Eins entsprach in seiner Technik bereits weitgehend der späteren Serienausführung – mit Ausnahme des von der Zahnradfabrik Friedrichshafen (ZF) bezogenen Getriebes – und hatte kaum noch etwas mit dem auf der Entwurfsskizze von Daimler-Benz aus dem Jahre 1945 gezeigten Wehrmachts-Transporter gemein. So besaß der Erhard-Unimog von Anfang an Portal-Achsen und einen vorne angeordneten Motor, und der Mähbalken befand sich nicht mehr vor, sondern seitlich am Wagen, also genauso, wie am 13. 9. 1945 in Hohenheim von den Landwirtschaftsfachleuten und den Herren der Arbeitsgruppe Friedrich beschlossen.
Ein weiterer Auszug aus den Aufzeichnungen von Manfred Braun: »Da zu einer derartigen Entwicklung auch entsprechende Geldmittel notwendig waren, wurde zur Kapitalbeschaffung die Unimog-Entwicklungsgesellschaft gegründet. Ihr gehörten die Herren Friedrich, Catta, Rößler, Köhler sowie später Dipl.-Landwirt Grass und Herr Boehringer an. Damit war der Kontakt Unimog-Boehringer geknüpft.«
Bei dieser Firma Gebr. Boehringer in Göppingen (GBG) handelte es sich um einen inzwischen im internationalen Oerlikon-Konzern

aufgegangenen Werkzeugmaschinen-Hersteller, für den in den Jahren vor Inkrafttreten des Marshall-Plans Produktionsverbot bestand – aus den gleichen Gründen, die auch für die Firma Erhard und Söhne galten. Und wie bei dieser suchte man in Göppingen nach einem Ausweg, um der Pleite zu entgehen.

Nach Darstellungen des seinerzeit bei Boehringer als Konstruktionschef arbeitenden Dr. h.c. Joseph Irtenkauf spielte beim Zustandekommen des Projekts Boehringer-Unimog ein Schuhfabrikant namens Franz Catta eine wichtige Rolle. In seinen Werkshallen hatte Daimler-Benz während des Krieges einen Teil der Flugmotorenproduktion einquartiert. Möglicherweise bestanden zu jener Zeit bereits Kontakte zwischen Friedrich und Catta. Nach Kriegsende soll Catta bei Boehringer vorstellig geworden sein, um Mitarbeiter für den Aufbau einer neuen Schuhproduktion zu gewinnen – ein für die Firma Boehringer nicht unwillkommener Vorschlag in Anbetracht der für sie zunächst undurchsichtigen Wirtschaftslage.

Franz Catta, so heißt es, habe Boehringer dringend geraten, sich des Unimog anzunehmen, um der Demontage durch die Alliierten zu entgehen. Dr. Irtenkauf habe zunächst Bedenken geäußert, sich dann aber überzeugen lassen. Im Frühjahr 1947 habe man bei Boehringer einer Produktionsübernahme zugestimmt und sogleich mit der – damals äußerst problematischen – Materialbeschaffung begonnen.

Warum kam es zu einer Verlegung der Unimog-Herstellung von Schwäbisch Gmünd nach Göppingen? Bei der Firma Erhard und Söhne reichten die räumlichen Verhältnisse nicht aus, die geplante Monatsproduktion von 30 Fahrzeugen zu realisieren. Es soll Schwierigkeiten mit »schwer zu montierenden Getrieben« gegeben haben, die von der Zahnradfabrik Friedrichshafen (ZF) kamen. Doch der Unimog war für Erhard und Söhne keineswegs »gestorben«; eine ganze Reihe wichtiger Bauteile wurden dort weiterhin angefertigt und nach Göppingen geliefert.

Am 10. 10. 1947 fand der Umzug der Konstruktions-Mannschaft nach Göppingen statt. Ihr gehörten unter anderem die Herren Friedrich, Rößler, Freytag, Rank, Netter, Boehringer, Dieterich, Zabel, Kieser, Fuhrer, Riek, Sturm, Grass, Vorbrugg, Esenwein, Seibt, Kat, Lude, Gnann und Dr. Irtenkauf an. Die Damen Höflinger und Pichler wurden ebenfalls genannt. Nachdem das von Rößler aus Schwäbisch Gmünd mitgebrachte ZF-Getriebe angeblich Probleme beim Einbau zeigte, machte sich Dr. Irtenkauf daran, selbst ein Getriebe zu konstruieren. Seine Ausführung sollte auch im späteren Unimog noch Verwendung finden.

Der erste bei Boehringer fertiggestellte Unimog absolvierte seine Probefahrt am 23. Oktober 1947. Bestückt hatte man ihn noch mit einem Benzinmotor aus einem Mercedes-Benz 170 V, denn der vorgesehene Diesel vom Typ OM 636, Urvater aller nach dem Kriege bei Daimler-Benz gebauten Personenwagen-Dieselaggregate, war zunächst nicht verfügbar.

Soweit zeigen die Aufzeichnungen Braun/Boehringer eine weitgehende Übereinstimmung mit den Unterlagen aus dem Hause Daimler-Benz. Jedoch in der von Braun nach einem Gespräch mit Dr. Irtenkauf aufgezeichneten Entwicklungsgeschichte des Unimog bei Boehringer tauchen einige Widersprüche auf.

So soll sich im Oktober 1945 im Hause des Faurndauer Schuhfabrikanten Franz Catta eine Gruppe von Daimler-Benz Direktoren getroffen haben, unter ihnen die Herren Friedrich, Nallinger und Kollmann. Und dort wurde diesen Aufzeichnungen zufolge der Gedanke entwickelt, einen Schlepper für die Land- und Forstwirtschaft zu bauen, wie es ihn bisher noch nie gegeben hatte. Zum Sprecher dieser Gruppe benannte man Albert Friedrich, und unter seiner Leitung wurde in den Räumen der Firma Erhard und Söhne in Schwäbisch Gmünd mit der Konstruktion des Unimog begonnen – auf Papier der Vereinigten Kugellagerfabriken in Schweinfurt (VKS). Ein Zusammenhang Unimog – VKS war allerdings auch von Dr. Irtenkauf nicht zu ermitteln.

Dem widersprechen die Unterlagen von Daimler-Benz, denen zufolge die Arbeitsgruppe Friedrich schon im September 1945 im Gebäude der Firma Eszet mit der Konstruktion begonnen haben soll, was sich auf Zeichnungen datiert September 1945 auch einigermaßen sicher belegen läßt. Allerdings handelt es sich bei diesen Zeichnungen noch um Vorentwürfe, doch soll laut Daimler-Benz sogleich nach dem »Hohenheimer Gespräch« vom 13. 9. 1945 mit der Konstruktion begonnen worden sein.

Hierzu gibt es ebenfalls eine Erklärung. Da Daimler-Benz zu jener Zeit an der Entwicklung und Produktion des Unimog kein Interesse zeigte und Albert Friedrich nicht mehr – oder noch nicht wieder – auf den Gehaltslisten des Unternehmens stand, wird man ihm zugestanden haben, an seinen Entwürfen als freier Konstrukteur zu arbeiten. Es ist nicht auszuschließen, daß Friedrich, bei Daimler-Benz abgeblitzt, seine Arbeit bei Erhard und Söhne nochmals nachvollzog und hierzu VKS-Papier benutzte: Auch Zeichenmaterial war knapp, man nahm, was verfügbar war. Unter Berücksichtigung der chronologischen Folge würden so die Lücken in der einen durch Fakten, in der anderen Aufzeichnung gedeckt – als Puzzle also zusammenpassen.

Auch Dr. Joseph Irtenkauf bestätigt in seiner Aussage das Zustandekommen der Verbindung Unimog-Boehringer durch die Vermittlung Franz Cattas, der ja Hauptgesellschafter

und Finanzier der Unimog-Entwicklungsgesellschaft war und nach der Wiederaufnahme und Modernisierung seiner Schuhproduktion durch Boehringer-Techniker über entsprechende Kontakte verfügte.
Laut Dr. Irtenkauf hatte man Anfang 1946 acht Boehringer-Mitarbeiter von Göppingen nach Schwäbisch Gmünd geschickt, wo sie bei Erhard und Söhne Vorarbeiten zur Montage eines Versuchsfahrzeuges durchführen sollten. Genauso hier die Feststellung, daß bei Erhard und Söhne die Voraussetzungen nicht ausreichend waren, den Bau des Gerätes betreffend, so daß man sich veranlaßt sah, Verhandlungen mit Boehringer betreffend Weiterentwicklung und Serienfertigung aufzunehmen. Nachfolgend die wortgetreue Wiedergabe einer Boehringer-Passage:
»Schon damals äußerte der damalige Konstruktionschef Dr. Irtenkauf große Bedenken, ein solches Gerät neben Cottonmaschinen von Werkzeugmechanikern herstellen zu lassen. Dies hätte nach seiner Ansicht ein gesondertes Werk mit eigenem Personal erfordert. Und dieser von Dr. Irtenkauf genannte Grund führte dann auch im Februar 1951 zur Übergabe der Produktion an Daimler-Benz.«
Es stand fest: Der Unimog sollte von Schwäbisch Gmünd nach Göppingen kommen. Damals wurde das Boehringer-Konstruktionsbüro von Flüchtlingen bewohnt, für die man erst eine neue Unterkunft finden mußte, ehe das Unimog-Team Einzug halten konnte. Ende Juli 1947 war es dann soweit. Friedrich, Zabel und Vobrugg (von der Firma Voith in Heidenheim) erstellten die ersten Baugruppen zum Unimog 2020. Bei einem Entstehungspreis von 1000 Mark pro Stück wollte man zehn Fahrzeuge pro Monat auf die Räder stellen. 90 Prozent aller Teile kamen von Zulieferfirmen, auch von Erhard und Söhne; bei Boehringer wurde die Montage durchgeführt sowie das Getriebe nach Irtenkaufs Konstruktion gebaut. Es war eine Ausführung mit sechs Vorwärts- und zwei Rückwärtsgängen, deren Abstufung bei den nach 1951 bei Daimler-Benz hergestellten Modellen U 401 und U 411 beibehalten wurde.
Über den Zeitpunkt der Produktionsabgabe an Daimler-Benz sind sich alle Chronisten wieder einig: Februar 1951. Dr. Irtenkauf sieht als Grund hauptsächlich die zunehmende Bestätigung seiner anfänglich geäußerten Befürchtungen; ein anderer damaliger Boehringer-Mitarbeiter, Herr W. Grupp, sieht noch einen anderen:
»Nicht nur die mangelnde Produktionskapazität von nur einem einzigen Fahrzeug pro Tag soll zur Übergabe an Daimler-Benz geführt haben, sondern Daimler-Benz hätte nach Bau der neuen Werksanlagen in Gaggenau für dieses universell einsetzbare Fahrzeug neben der land- und forstwirtschaftlichen Nutzung weitere Einsatzgebiete und Märkte sowie die Möglichkeiten einer militärischen Nutzung erkannt. Da die geringe Stückzahl der zugelieferten DB-Motoren (an GBG) gegenüber der mittlerweile aufstrebenden PKW-Produktion jedoch sehr klein war, konnte DB die Motorenlieferung an GBG einstellen. Dies hatte bei GBG zur Folge, daß man zwei oder drei Fahrzeuge als Prototypen versuchsweise mit luftgekühlten Zweizylinder-KHD-Motoren ausrüstete, doch die Aggregate von Klöckner-Humboldt-Deutz hatten weder die Leistung noch die Laufkultur eines wassergekühlten Vierzylindermotors, so daß diese Fahrzeuge einfach nicht mehr ›der‹ Unimog waren.«
Ob nun die von Herrn Grupp aufgeführten Gründe oder die Bedenken Dr. Irtenkaufs oder gar beides Anlaß zur Produktionsübergabe waren, sei dahingestellt.
Daimler-Benz wiederum begründet diesen Schritt mit der durch den Bau neuer Werksanlagen in Gaggenau nunmehr vorhandenen Kapazität für eine eigene Produktion; auch diese These erscheint realistisch.
Für den Kenner der Personenwagen-Entwicklung im Hause Daimler-Benz ergibt sich freilich noch ein ganz anderer, recht logischer Grund. Als Diesel-Variante des Typs 170 V war der 170 D bis zum Sommer 1950 mit der ursprünglichen Version des auch im Unimog verwendeten Motors OM 636 ausgestattet, wobei dieses Triebwerk im Personenwagen 1697 ccm Hubraum hatte und auf eine Leistung von 38 PS kam. Im Sommer 1950 wurde diese Modellreihe durch die in Fahrwerk und Ausstattung modifizierten A-Modelle ersetzt, die mit verbesserten Motoren versehen waren. Und bei der im DB verwendeten, verbesserten Version des Motors OM 636 bestand der Hauptunterschied zum Vorgänger in einer geringfügigen Vergrößerung des Hubraums auf 1767 ccm, einer Anhebung der Leistung auf nunmehr 40 PS sowie einem seitenverkehrten Zylinderkopf mit Ein- und Auslaß auf der gegenüberliegenden Seite. Aus Platzgründen paßte dieser Motor nicht unter die schräg abfallende Haube des Unimog.
Daimler-Benz wäre unter den gegebenen Umständen gezwungen gewesen, entweder den alten OM 636 in einer Kleinstserie von 30 Stück im Monat weiter zu produzieren oder aber – gleichfalls in Kleinstauflage – eine zusätzliche Variante des neueren Motors ins Programm aufzunehmen, wieder mit der alten Anordnung von Ein- und Auslaß. Ein Aufwand, der sich angesichts der geringen Stückzahl kaum gelohnt hätte... Eine These, die sich nicht durch alte Dokumente oder Aufzeichnungen belegen läßt, jedoch durch folgende Tatsache erhärtet wird: Nach der vollzogenen Produktionsübernahme mit entsprechender Steigerung der Stückzahlen durch die Daimler-Benz AG scheute man den Aufwand nicht mehr, für den Unimog eigens eine Variante des Motors mit der alten, seitenverkehrten Zylinderkopfanordnung zu bauen!

Der beste Erntehelfer, den der Landwirt je hatte. Der Unimog war mit seinen 25 PS als Schlepper anfangs ausreichend motorisiert.

Aktivitäten in Schwäbisch Gmünd

Aufzeichnungen und Recherchen eines Mannes, der von Anfang an dabei war

Manfred Braun, seines Zeichens Ingenieur bei der Firma Boehringer-Oerlikon, der Nachfolger des Hauses Gebrüder Boehringer, Göppingen, wurde bereits mehrfach zitiert. Er hat sich eingehend mit der Geschichte des Unimog beschäftigt, konnte Gespräche mit Personen aus der »Kinderzeit« dieses Fahrzeugs führen, auch mit dem Bruder Eduard Köhlers, dem verstorbenen, seinerzeitigen Geschäftsführer der Gmünder Metallwarenfabrik Erhard und Söhne, die – wie erwähnt – mit der Unimog-Historie ebenfalls eng verknüpft ist.

Nach der von Manfred Braun protokollierten Aussage Albert Köhlers war die Firma Erhard und Söhne ebenfalls während des Zweiten Weltkrieges ein Zulieferer der Rüstungsindustrie. Als Lieferant von Luftleitblechen und Ölkühlern für Flugmotoren bestand für sie folglich die Gefahr, nach dem Morgenthau-Plan demontiert zu werden.

Glückliche Umstände hatten ergeben, daß ein Offizier der amerikanischen Kommission für Demontagearbeiten aus Gmünd stammte und zudem ein Schulkamerad Eduard Köhlers war. Wegen seiner jüdischen Abstammung war der Mann während der Zeit des Dritten Reiches nach den USA ausgewandert und jetzt als Angehöriger der US Army nach Gmünd zurückgekehrt. Er gab Köhler den freundschaftlichen Rat, etwas für die Landwirtschaft zu produzieren, was in den Rahmen des Morgenthau-Plans paßte – ein Versuch, der Demontage zu entgehen. So kam es zur Herstellung von Milchkannen und anderen Utensilien für den Bauernstand.

Ein weiterer Zufall – so schrieb Braun – ergab sich aus dem Umstand, daß durch die Wirren des Krieges der ehemalige Leiter des Daimler-Benz-Flugmotorenwerkes Berlin-Marienfelde, Ing. Albert Friedrich, damals nach Schwäbisch Gmünd kam und die Idee zu einem landwirtschaftlichen Schlepper mitbrachte, »wie es bisher noch keinen gab«.

Hier steht Brauns Aussage im Widerspruch zu den Unterlagen und Protokollen von Daimler-Benz und Boehringer. Da heute kaum einer der damals maßgeblich am Unimog-Projekt Beteiligten noch am Leben, man beim Recherchieren auf Dokumente und Überlieferungen aus zweiter und sogar dritter Hand angewiesen ist, müssen die unterschiedlichen Angaben im Raume stehenbleiben.

Auch vom »Hohenheimer Gespräch« ist im Köhler-Protokoll die Rede sowie vom Besuch der Bibliothek an der Landwirtschaftlichen Hochschule in Hohenheim. Leider fehlt eine Datumsangabe. Dafür sind aber die Konstruktions-Vorgaben präzis erwähnt, wie der diskutierte Schlepper aussehen sollte:

Voll geländegängig	= Allradantrieb mit Differentialsperren.
Größtmögliche Bodenfreiheit	= Portalachsen mit Laufrad-Vorgelegen.
Kein Aufbäumen beim Zug schwerer Lasten	= Gewichtsverteilung 2:1 – mit ⅔ des Fahrzeuggewichts auf den Vorderrädern.
Weitgespannter Geschwindigkeitsbereich von 3 bis ca. 50 km/h	= Für reinen Gelände- sowie häufig anfallenden Transportbetrieb.
Wetterschutz für den Fahrer	= Führerhaus mit Verdeck.
Mitnahme kleiner Lasten	= Hilfsladefläche.
Allseitiger Geräteanbau	= Vordere Zapfwelle und Anbaumöglichkeit.

Damit stand das Grundkonzept fest. Doch die nächste Frage lautete: Wer könnte ein solches Fahrzeug bauen?

Das Daimler-Benz-Werk in Untertürkheim war noch weitgehend zerstört und zeigte kein Interesse an der Herstellung eines Schleppers.

Man war der Ansicht, er passe nicht ins Programm eines Automobilherstellers namens Daimler-Benz. Irgendwie – wahrscheinlich über die Zulieferfätigkeit während des Krieges – kam man auf Erhard und Söhne. Laut Köhler-Protokoll habe man dort – im November 1945 – im ehemaligen Musterzimmer mit den Konstruktionszeichnungen begonnen.
Friedrich habe, so heißt es, mittlerweile weitere Mitarbeiter gewinnen können. Genannt wurden die Namen Rößler (bei Kriegsende landwirtschaftlicher Helfer auf einem Hof in Radelstetten), Zabel (früherer Daimler-Benz-Mitarbeiter), Dietrich (ebenfalls ein ehemaliger Daimler-Benz-Mann und Jagdflieger), außerdem Fuhrer (wie Vorbrugg von der Firma Voith in Heidenheim) und Grass (Diplom-Agronom als Fachmann für landwirtschaftliche Belange).
Am 13. 8. stellte Eduard Köhler bei der US-Verwaltung einen Antrag auf eine »Production Order«. Wieder war es ein ehedem emigrierter Jude, der dafür sorgte, daß Köhler die Genehmigung erteilt wurde. Dem Antrag lag eine Zeichnung bei, die den Schlepper mit einer Karosserie zeigte, wie sie von Rößler und Fuhrer überarbeitet worden war und wie sie später auch weitestgehend gebaut wurde.
Manfred Braun nennt in seinen Aufzeichnungen die Bauteile, die von Zulieferern kamen. Daimler-Benz lieferte die Motoren, Continental die Bereifung, von Robert Bosch bezog man die elektrische und die Einspritz-Anlage. Der Motor war anfangs noch nicht serienreif, weshalb die ersten Prototypen des Unimog das Bezinaggregat aus dem 170 V bekamen. Und weil zum Zeitpunkt der Vorstellung des ersten »echten« Diesel-Prototyps auf der DLG 1948 nicht alle Patente für die am Motor verwirklichten Details erteilt waren, hatte man die Motorhabe des Ausstellungs-Unimog kurzerhand verplombt.
Die Karosserie und ihre Teile wurden in ihrer Dimension durch die Größe vorhandener Preßwerkzeuge bestimmt; das Fehlen einer Schmiedeeinrichtung bedingte die Anfertigung von Achsen aus verschweißten Blechteilen. Offensichtlich bewährte sich dieses Herstellungsverfahren sehr gut, denn Erhard und Söhne blieben sogar dann Zulieferer dieser Teile, als der Unimog bei Boehringer und später bei Daimler-Benz gebaut wurde. Insgesamt lieferten Erhard und Söhne 250 000 solcher Schweißachsen, 2000 Fahrgestelle, eine nicht genannte Zahl von Pritschen, Bremsbacken und Bremsbackenbleche sowie Wasserkästen und Kraftstofftanks (bis in jüngste Zeit).
Mit großem Eifer entwickelte und baute man in Schwäbisch Gmünd die Zusatzgeräte für die Verwendung am Unimog. Mastbohrer, Mastziehbleche, Kartoffellegegeräte, Mähwerke und Hackgeräte sind nur ein kleiner Teil von insgesamt 512 Anbauten, die bei Erhard und Söhne entstanden.
In der Zeit vom Frühjahr bis zum Herbst 1946 baute man fünf Prototypen; erste Versuchsfahrten mit einem unkarossierten Wagen absolvierte man im Oktober. Gegen Jahresende 1946 war die erste Karosserie fertig; mit der Erprobung des kompletten Fahrzeugs konnte also begonnen werden. Seine Zulassung als Ackerschlepper erhielt der Unimog laut Angabe Albert Köhlers nicht vor August 1948 nach Vorführungen auf dem Gelände der Burg Staufeneck. Ebenfalls um jene Zeit entstand das charakteristische Unimog-Zeichen, ein stilisierter Ochsenkopf im U, wie er fortan auf der Motorhaube des Fahrzeugs prangte.
Schon 1946 habe sich abgezeichnet, sagte Köhler, daß man zur Entwicklung und Produktionsvorbereitung größere finanzielle Mittel benötigen würde. Allein der Bau der Prototypen habe mit 300 000 Mark zu Buche geschlagen. So war es Anfang 1946 zur Gründung einer Unimog-Entwicklungsgesellschaft i.R. als Finanzierungsträger gekommen. Genannt sind die Mitglieder dieser Gesellschaft: Franz Catta, Schuhfabrikant aus Faurndau mit 100 000 Mark Kapitaleinlage, Eduard Köhler als Leiter der Firma Erhard und Söhne in Schwäbisch Gmünd, Ing. Albert Friedrich, Dipl.-Landwirt Grass sowie – später – Herr Rolf Boehringer. Die Anteile dieser Gesellschafter sind nicht aufgeführt.
Nach Übernahme des Projekts durch Boehringer entstand dort Anfang 1948 eine Nullserie von 100 Fahrzeugen. Insgesamt belief sich dann die Boehringer-Fertigung auf etwa 600 Exemplare.
Albert Koehlers Aufzeichnungen decken sich weitgehend mit denen Dr. Joseph Irtenkaufs, enthalten mehr technische Einzelheiten, aber weniger Angaben zu historisch interessanten Daten. Als der Unimog nach den Vorführungsfahrten auf Burg Staufeneck im August 1948 seine Typzulassung als landwirtschaftlicher Schlepper erhalten haben soll, wurde er zum Beispiel längst von Boehringer produziert. Dennoch: Alles in allem stimmt dieses Protokoll weitgehend überein mit dem, was aus den Unterlagen von Daimler-Benz hervorgeht.

UNIMOG

UNIMOG

Gegenüberliegende Seite: Als Geräteversorger für Pflanz- und Legearbeiten erwies sich der Unimog als ideal. Das Gut wird auf der Pritsche in ausreichender Menge mitgeführt. Darunter: Mähen, schneiden, wenden – für alle Arbeiten bot die Zubehörindustrie Anbaugeräte an.

Rechts: Unimog mit aufgestelltem Mähbalken. Unten: Geräteschiene und -kupplung am Heck des Unimog.

Links: Pflügen mit dem Unimog. Die mittlere Bodenklappe wurde entfernt, um auf jede Schar blicken zu können. Darunter: Unimog mit Pflanzenschutz-Spritzvorrichtung.

Gegenüberliegende Seite: Die Spurweite des Unimog wurde so ausgelegt, daß sie landwirtschaftlichen Normen entsprach. Darunter: Jede Feldarbeit, für die man in den fünfziger Jahren kaum mehr Personal bekam, vermochte man mit dem Unimog zu verrichten.

Von Gmünd über Göppingen nach Gaggenau

Albert Friedrich und Heinrich Rößler, Unimog-Männer der ersten Stunde

Der Vollständigkeit halber will der Verfasser auch diese ihm von Manfred Braun zur Verfügung gestellten Unterlagen Heinrich Rößlers einbeziehen, zumal darin sehr viele technische Einzelheiten enthalten sind.

Rößler erwähnt ebenso zunächst, wie Direktor Albert Friedrich (er war bei Ende des Krieges Leiter der Flugmotorenentwicklung und -konstruktion bei Daimler-Benz) 1945 unter dem Eindruck des Morgenthau-Plans den Gedanken zur Entwicklung eines Allzweck-Traktors für die Landwirtschaft aufgriff, und daß Friedrich anfangs zwar Erkenntnisse aus einer früheren Lastwagen-Entwicklung in der Schweiz zur Verfügung standen.

Danach beschreibt Rößler seinen Werdegang: 1937 Aufnahme der Tätigkeit als Konstrukteur für Personenwagen bei Daimler-Benz, dort im Kriege zunächst zur Flugmotorenabteilung abgestellt. Schließlich Dienst bei der Wehrmacht. Von der Zeit als »landwirtschaftlicher Helfer« auf einem Bauernhof bei Radelstetten ist darin genauso Rede, vom Beginn dieser Tätigkeit im Juni 1945 und von den darin enthaltenen Aufgaben: Traktorfahren auf einem alten Deutz 11 PS, vom Instandsetzen landwirtschaftlicher Maschinen, vom Ställe misten und Vieh versorgen, vom Lernen in der Landwirtschaft und den damit verbundenen Mühen.

Anschließend schildert Rößler die historische Begegnung anläßlich eines Besuchs im Spätsommer 1945 im Daimler-Benz-Werk Stuttgart-Untertürkheim mit seinem ehemaligen Chef Albert Friedrich. Sehr detailliert beschreibt Rößler, wie Friedrich ihm seine Pläne offenbarte, und wie es zwischen ihnen zu einem langen Fachgespräch kam, wobei Rößler seine im Rahmen seiner damaligen Tätigkeit gewonnenen Erkenntnisse und Gedanken zur Konstruktion landwirtschaftlicher Maschinen äußerte. Aber: »Noch war alles sehr vage. Trotzdem ließen mich diese Überlegungen nicht mehr los. An eine technische Verwirklichung dachte ich damals allerdings nicht einmal im Traum ... Rückblickend kann man (allerdings) sagen: So fing es eigentlich an.«

Als Datum für den Kontakt zwischen Friedrich und der Gmünder Firma Erhard und Söhne nennt Rößler den 24. 8. 1945, für die Erteilung der »Production Order« durch die US-Militärregierung den 20. 11. 1945.

Und dieser »Production Order« lag Friedrichs Projektzeichnung vom 7. 9. 1945 zugrunde, wie sie Abbildung 1 in der Druckschrift zeigt: Es handelt sich um erste Skizzen, ähnlich denjenigen, wie sie der Verfasser ohne Textangabe im Daimler-Benz-Archiv fand. Auch wenn diese Projektskizzen nicht ganz den vom Verfasser bereits beschriebenen Zeichnungen entsprechen und das darauf skizzierte Fahrzeug eine andere Motoranordnung sowie eine andere Bugpartie zeigt, so erscheint doch wahrscheinlich, daß auch diese Zeichnungen unter Friedrichs Leitung am 7. 9. 1945 entstanden sind (man erinnere sich an die schwer zu entziffernde Handschrift des Zeichners!). Doch schlüssige Beweise fehlen.

Weiter schildert Rößler, das Fahrzeug solle »mit LKW-Aggregaten ausgerüstet und gebaut werden und bei einer monatlichen Stückzahl von 100 Einheiten ca. 3750 Reichsmark kosten«. Und: Am 1. 12. 1945 entstand bei Erhard und Söhne eine »Abteilung L« (für landwirtschaftlichen Bereich), die außer Friedrich drei Ingenieure und einen Landwirt (Grass?) umfaßte.

Friedrich arbeitete also, wie auch die Aufzeichnungen von Dr. Irtenkauf, H. Zabel und M. Braun bestätigen, zu dieser Zeit schon im Haus Erhard und Söhne in Schwäbisch Gmünd, während Rößler weiterhin seiner anstrengenden, aber unter Berücksichtigung der damaligen Notlage recht nahrhaften Tätigkeit auf dem Bauernhof in Radelstetten nachging.

Albert Friedrich zeigte sich weiterhin an einer Mitarbeit Rößlers höchst interessiert. Rößler dazu: »Im Dezember 1945 stand als Abgesandter von Friedrich plötzlich Obering. Freytag auf dem Hof, den ich vom Flugmotorenbau her ebenfalls kannte. Er fragte mich, ob ich an einer solchen Allzweck-Maschine mitarbeiten wolle. Ich war natürlich sehr erstaunt und bat mir Bedenkzeit aus: Zu jener Zeit war nämlich ein Platz Gold wert, an dem man genug zu essen hatte für die Familie und sich selbst und praktisch kein Geld brauchte. Als dann aber am 11. 12. 1945 eine schriftliche Anfrage von Friedrich eintraf, konnte ich aus konstruktiver Begeisterung für eine so interessante und umfangreiche Aufgabe nicht länger widerstehen. Ich sagte zu...«

»Am 2. 1. 1946 fing ich also bei Erhard und Söhne in Schwäbisch Gmünd an – mit großen Bedenken. Denn nichts stand dort für eine solche Arbeit zur Verfügung, nicht einmal die notwendigsten technischen Unterlagen. Ich selbst hatte auch nichts Derartiges. Da ich nicht mit leeren Händen antreten wollte, hatte ich in der Weihnachtszeit 1945 – neben Kuhstall, Maschinenreparaturen, Holz hacken – ein paar Handskizzen über meine Gedanken angefertigt. Wie ich mir damals eine Konzeption für das Fahrgestell vorstellte, geht aus den beiden Skizzen der Abbildung 2 hervor. Bei meinem Antritt ergab sich, daß kein Gesamtentwurf vorlag, lediglich die Projektzeichnung von Friedrich und eine Überlegung für ein Fahrzeug mit Mittelmotor, von der keine Zeichnung zu finden ist. Das hat Albert Friedrich (später) in einem Schreiben am 10. 2. 1959 bestätigt. Es bestand bald Einigkeit darüber, daß man meinen Vorschlag einmal aufzeichnen sollte.

Den ersten Gesamtentwurf hatte ich am 28. 1. 1946 fertig, noch mit schrägen Schubrohren zu den Achsen und einem in der Fahrzeug-Längsachse liegenden Motor-/Getriebeblock. Da die Herstellung eines solchen Achsantriebs aber zu jener Zeit Schwierigkeiten vermuten ließ, baute ich auf senkrecht zu den Achsen stehende Schubrohre um, und sah einen rechts neben der Fahrzeug-Längsachse liegenden Motor-/Getriebeblock vor. Dieser auf Abbildung 3 dargestellte zweite Gesamtentwurf war am 5. 3. 1946 fertig. Dabei ergab sich, daß alle vier Laufrad-Vorgelege mit den Bremsen gleich sein konnten, und daß die Blechgehäuse der Achskörper vorne und hinten ebenfalls gleich ausgeführt werden konnten. Außerdem hatte das Fahrgestell nur vier Antriebsgelenke: Zwei Doppelgelenke in den Vorderachsenschenkeln und zwei Einfachgelenke hinten in den Schubkugeln. Bei einer Spurweite von ca. 1270 mm (= zwei Kartoffelreihen) ergab dies zwischen dem Radkasten für das linke Vorderrad und dem ins Fahrerhaus hineinragenden Motorgehäuse ausreichend Platz für das Fußhebelwerk.«

Anschließend berichtet Dipl. Ing. Rößler, wie gleichzeitig an den Laufradvorgelegen mit Bremsen für die Portalachsen und am Fahrgestellrahmen mit Querträgern gezeichnet wurde:

»Um die Eignung eines solchen neuartigen Traktors möglichst schnell überprüfen zu können, gab es nur eine Möglichkeit: Die ersten Versuchsfahrzeuge mußten mit einem Vergasermotor (1,7 Liter) von DB (Typ M 136) und einem Viergang-Seriengetriebe von ZF (Zahnradfabrik Friedrichshafen) ausgerüstet werden. Denn einen anderen geeigneten Motor – möglichst einen Diesel – gab es damals noch nicht.«

Was aber war alles neuartig Anfang 1946? Auch darüber gibt der Bericht Rößlers Aufschluß:

1. Die Höchstgeschwindigkeit mit 50 km/h;
2. Gefederte und gedämpfte Achsen wegen der Höchstgeschwindigkeit;
3. Allradantrieb und Differentialsperren vorn und hinten;
4. Bremsen an Vorder- und Hinterachse;
5. Rahmenbauart ähnlich wie bei PKW und LKW;
6. Zweisitziges Fahrerhaus mit geschlossenem Verdeck und gepolsterten Sitzen;
7. Hilfsladefläche über der Hinterachse mit 1 to Tragfähigkeit;
8. Gewichtsverteilung statisch: ⅔ auf der Vorder-, ⅓ auf der Hinterachse,
9. Geräte-Anbaumöglichkeiten vorn, in der Mitte und hinten;
10. Zapfwellenbetrieb vorn, in der Mitte und hinten.

Rößler beschreibt weiter, wie man mit diesem Entwurf vom 6. 3. 1946 nun zwar eine Vorstellung hatte, wie ein solcher Allzweck-Traktor aussehen könnte, daß aber niemand wußte, ob dies schließlich die optimale Lösung sein würde.

»Wen man auch fragte, alle zuckten mit fragender und unsicherer Miene die Schulter, wenn sie nicht sogar den Traktor als zu kompliziert ablehnten. Es gab ja noch keine praktischen Beweise, noch nicht einmal einen geeigneten Motor.«

Damit stellte sich die Frage nach einem geeigneten Betrieb zum Bau der drei zur Erprobung nötigen Prototypen. Daimler-Benz hatte in jener Zeit andere Sorgen und zeigte genausowenig Interesse wie andere Autohersteller. Zum Glück war der damalige Mitinhaber und technische Leiter der Firma Erhard und Söhne, Dipl. Ing. Eduard Köhler, von der technischen Lösung sehr angetan, außerdem suchte er für seine Firma neben der – in solchen Notzeiten wenig einträglichen – Herstellung von Schmuckwaren die Möglichkeit einer zusätzlichen Fertigung. So erklärte Eduard Köhler, nachdem das Unimog-Konstruktions-»Büro« ja sowieso schon in seinem Hause untergebracht war, sich bereit, soweit wie möglich die Anfertigung sowie die Erprobung der Prototypen für den Unimog zu übernehmen.

Den Konstrukteuren kam diese Zusage wie ein Wunder vor, fertigungstechnisch und finanziell. Denn es gab ja nur wenig und nicht immer geeignetes Material, und im Werkzeugbau standen genauso wenige, dafür bestimmte Maschinen zur Verfügung (Ein Lehrenbohrwerk war allerdings vorhanden!). Auch fertigte die Zubehörindustrie noch nicht wieder, oder sie hatte nichts Passendes im Angebot, wie Räder oder Reifen, Bremsen oder Stoßdämpfer, Lenkungen oder Federn – wer verwendete um jene Zeit zum Beispiel Schraubenfedern? Dazu kam das Problem, daß das Personal der Firma keinerlei Erfahrungen mit den Triebwerksaggregaten eines Fahrzeugs besaß, sondern lediglich vom Krieg her mit der Bearbeitung von Blechteilen. Ein Grund für Eduard Köhler, die Konstruktionsmannschaft immer wieder und mit Nachdruck anzuweisen, nur so zu konstruieren, daß sein Unternehmen nicht den »Werkzeugkosten-Tod« sterbe.

Die Mittel waren mehr als bescheiden, das kleine Konstruktionsbüro umfaßte lediglich vier – allerdings hochqualifizierte – Konstrukteure: Neben Friedrich und Rößler noch Freytag und Zabel. Diese schweren Zeiten hatten zweifellos auch ihr Gutes: Wer sie selbst noch bewußt miterlebt hat, wird sich erinnern, wieviel sich durch Improvisationstalent verwirklichen ließ, wie wenig bürokratische Hindernisse sich als unüberwindbar erwiesen.

Auf jeden Fall gelang es Friedrich ziemlich schnell, für Grünes Licht bei den Behörden zu sorgen, und vonseiten der Firma Erhard und Söhne kamen erste finanzielle Mittel zum Bau der benötigten Prototypen. Und auf diese Weise gelang es, innerhalb von nur knapp sieben Monaten den ersten Prototyp auf die Räder zu stellen, und mit dem noch unkarossierten Fahrgestell wurden erste, befriedigend verlaufende Versuchsfahrten unternommen. A propos Räder: Mangels geeigneter Geländereifen fuhr man auf herkömmlichen Personenwagen-Reifen mit Straßen-Feinprofil...

Rößler nennt diese knapp sieben Monate von der ersten Zeichnung bis zum Beginn der Erprobung einen »für heutige Zeitbegriffe unglaublichen Termin«. Und zweifellos hat er damit recht.

Aber zu dieser Zeit gab es eben nicht diese Vielzahl bürokratischer Hemmnisse, damals gingen die Werkpläne direkt aus dem Konstruktionsbüro in die Fertigung und zwischen den Herren im grauen und jenen im weißen Kittel bestand ein unmittelbarer, freundschaftlicher Kontakt.

Rößler dokumentiert die anfänglichen Schwierigkeiten bei der Typprüfung zur Einstufung des neuen Fahrzeugs. Vor allem wegen der Höchstgeschwindigkeit von 50 km/h, denn Ackerschlepper und Geräteträger durften damals nicht schneller als 20 km/h fahren, Straßenzugmaschinen und Lastwagen keine landwirtschaftlichen Anbaugeräte tragen. Einen möglichen Ausweg sah man in der Schaffung eines ganz neuen Typbegriffs, einer Fahrzeugart, die einerseits als landwirtschaftliche Zugmaschine eingestuft werden konnte, andererseits aber das für Ackerschlepper geltende »bauartbedingte« Limit umging.

Auf diese Weise wurde der Begriff des »Universal-Motor-Geräts« erfunden und es war Hans Zabel, der daraus den Namen für das neue Gerät prägte: »Unimog« – zusammengesetzt aus den Bestandteilen des Begriffs »*Uni*versal-*Mo*tor-*G*erät«. Damit war – glückliche Zeiten! – auch die bürokratische Hürde bei der Einstufung erfolgreich genommen.

Leider gab es weiterhin technische Probleme. Zwar verliefen die zum Teil sehr schweren Geländefahrten im Winter 1946/1947 höchst zufriedenstellend, doch aufgrund seiner landwirtschaftlichen Erfahrung war Rößler sich sehr wohl der Tatsache bewußt, daß damit die Arbeit erst zu einem sehr kleinen Teil geschafft war. Es fehlten nämlich alle für den Einsatz in der Land- und Forstwirtschaft benötigten Anbau- und Zusatzgeräte, außer jenen, die man mit der Ackerschiene ziehen konnte.

»Vom Frontmähwerk bis zum anbaubaren Pflug ergaben sich schwerwiegende Aufgaben: Ankoppelung, Antriebe (Zapfwellen), Sichtverhältnisse, Steuerung vom Fahrersitz aus und vieles andere mehr. Es gab viele Fragen, und – vor allem wegen der gefederten Achsen – selten ermutigende Antworten. Aber die Fahreigenschaften des Unimog auf der Straße bei Schnellfahrt, auf dem Acker und im Wald sowie seine Zugleistungen mit provisorisch angebauten Pflügen waren trotz der benutzten Straßenreifen (andere gab es nicht in der passenden Größe!) so gut, daß wir uns bald an Vorführungen vor staatlichen und landwirtschaftlichen Experten heranwagten. Auch war es Herrn Friedrich gelungen, die zuständige Behörde bei der US-Militärverwaltung wohlwollend zu stimmen. Eine Vorführung am 11. 4. 1947 in Ludwigsburg war von besonderer Bedeutung: Der Unimog bewährte sich im Schlamm. So konnten wir die wichtigsten Experten der deutschen Landwirtschaft überzeugen, wenn – ja, wenn das Fahrzeug einen Dieselmotor bekommen würde (der hier eingesetzte Prototyp besaß ja – wie alle drei ersten Versuchsfahrzeuge – noch den Benzimotor M 136 aus dem Mercedes-Benz 170 V!). Denn bereits 1946 war eine Verbilligung von Dieselkraftstoff für landwirtschaftliche Schlepper ausgehandelt worden. Ein geeigneter Dieselmotor für den Unimog war also die Überlebensfrage schlechthin.«

Ebenso waren die »optische Hochbeinigkeit« und die Abstufung dieses ersten – vierstufigen – ZF-Getriebes für den Fahrzeug-Ingenieur Rößler »noch nicht der Weisheit letzter Schluß«. Schon Ende 1946 wurde deshalb damit begonnen, einen etwas weniger hochbeinig anmutenden, aufwendigeren Fahrgestellrahmen zu entwickeln und durch ein neu zu konstruierendes, klauengeschaltetes und gleitgelagertes Sechsganggetriebe mit Vorderachs- und Zapfwellenabtrieben eine befriedigende, kostengünstigere Lösung für das Triebwerk zu finden. Am 18. 8. 1947 hatte Rößler diesen Getriebe-Entwurf fertig, der bereits die Möglichkeit enthielt, später die Klauenschaltung durch eine Synchronisation zu ersetzen.

Maßgebender Faktor für die Übersetzung des Getriebes war nun die Motorenfrage. War die Abstufung doch abhängig von der Arbeitsdrehzahl des zu verwendenden Motors, je nachdem, ob nun ein langsam- oder schnellaufender Dieselmotor zur Verfügung stehen würde. Laut Rößler entschied sich diese Frage erst nach langen, geradezu dramatischen Verhandlungen mit der Firma Daimler-Benz, die sich bis 1948 hinzogen.

»Als wir im Sommer 1946 bei DB Vergasermotoren (M 136) für die Prototypen bestellten, wies uns die Firma in einem Schreiben vom 11. 6. 1946 darauf hin, daß sie einen schnelllaufenden 1,7-Liter-Dieselmotor plane. Die ersten Versuchsmotoren erhielten die Unimog-Techniker am 22. 3. und 27. 5. 1947. Zu jener Zeit aber war noch nicht geklärt, ob DB diesen Motor überhaupt serienmäßig bauen werde. Erst am 9.6.1947 bestätigte uns die Firma die Lieferung von über 100 Motoren. Niemand wußte jedoch genau, ob der OM 636 – trotz gedrosselter Drehzahl von maximal 2250/min – den Beanspruchungen überhaupt gewachsen war, zum Beispiel beim Pflügen.«

Die Zeitknappheit zwang, sich zunächst für diesen Motor zu entscheiden, trotz der noch immer bestehenden Ungewißheit über die Zukunft dieses ersten schnellaufenden Personenwagen-Dieselmotors. Zur Illustration der Situation ein weiteres Datum: Am 28. 2. 1948 wollte anläßlich eines Besuchs in Stuttgart-Untertürkheim von Ministerialdirigent von Wechter, verantwortlich für Landtechnik der Bizonenverwaltung, und Professor Meyer, verantwortlicher Leiter des Instituts für Schlepperforschung in Völkenrode, Daimler-Benz sich nicht definitiv zu einer Serienfertigung des OM 636 äußern. Man war sich noch immer nicht klar über die Verwendbarkeit dieses relativ lauten Dieselmotors in einem Personenwagen: »Wir bekamen zunächst weitere Motoren, und damit schien für den Unimog endlich ein passender Motor zur Verfügung zu stehen. Der Wettbewerb hat diesen Motor wegen seiner Drehzahl seinerzeit stark angegriffen. Bei guter Pflege erfüllte er aber die in ihn gesetzten Erwartungen voll und ganz. Dies hat mir noch im Jahr 1981 der wohl älteste Unimog-Kunde bestätigt, ein Landwirt aus Schwäbisch Gmünd.«

Dazu ein Kommentar des Verfassers, in dessen Familie bis 1954 ein Mercedes-Benz 170 D mit einem solchen OM 636 lief: Für den Einsatz im Personenwagen war dieser erste OM 636 tatsächlich etwas laut und »dieseltypisch«, außerdem bot er nur wenig befriedigende Leistungen bezüglich Höchstgeschwindigkeit und Beschleunigung. Jedoch er lief zuverlässig wie ein Uhrwerk und zeigte sich nahezu unzerstörbar. Laufleistungen gerade dieses ersten OM 636 von 300 000 Kilometern und mehr waren es, die den Ruf der Zuverlässigkeit der Mercedes-Benz-Dieselmodelle solide untermauerten.

Für den Unimog blieb der OM 636 allerdings ein – wenn auch einigermaßen zufriedenstellender – Kompromiß, den einzugehen die damalige Liefersituation kleinervolumiger Dieselmotoren zwang: War dies bis Frühjahr 1953 der einzige erhältliche Dieselmotor mit weniger als 3 Liter Hubraum.

Und zweifellos erfüllte der OM 636 die in ihn gesetzten Erwartungen voll und ganz. Dennoch hätten die Experten von Anfang an lieber einen anderen Motor im Unimog gesehen: Jenen ab 1936 in den Personenwagen-Modellen W 143 und W 153 wahlweise lieferbaren Mercedes-Benz Dieselmotor mit 2,6 Liter Hubraum, der seine Leistung aus mehr Hubraum und entsprechend niedriger Drehzahl entwickelte. Nicht ganz ohne Grund taten in Stuttgart bis Mitte der fünfziger Jahre zahlreiche Taxis vom Typ 260 D ihren Dienst. Leider hatte die Produktion dieses Motors den Krieg nicht überlebt, und Daimler-Benz hielt den Bau neuer Fertigungsanlagen dafür angesichts der zu erwartenden nicht eben hohen monatlichen Stückzahlen auch nicht für lohnend, zumal der geringere Hubraum des neuen Diesels OM 636 steuerliche Vorteile und somit besseren Absatz versprach... Es blieb also beim OM 636, der eine für die Serienfertigung günstig erscheinende Gesamtkonstruktion ermöglichte.

Wer sollte nun dieses neue Fahrzeug und das neue Sechsganggetriebe serienmäßig herstellen? Die Firma Erhard und Söhne konnte dies beim besten Willen nicht, und eine Fremdfertigung wäre viel zu teuer gekommen. Folglich begab man sich auf die Suche nach einem geeigneten Hersteller.

Ende Dezember 1946 wurde ein Unimog mit Fahrerhaus und Pritsche in Starnberg Direktor Schleicher von BMW vorgestellt, doch weder er noch BMW zeigten zu der Zeit Interesse. Auch Verhandlungen mit Heinkel in Stuttgart-Zuffenhausen und dem Traktorenhersteller Fahr in Gottmadingen kamen über erste Informationsgespräche nicht hinaus.

Anfang 1947 wurden Verbindungen mit der Firma Gebrüder Boehringer in Göppingen aufgenommen, einer Werkzeugmaschinenfabrik, die wegen ihrer Rüstungsproduktion während des Krieges später demontiert werden sollte. Im Rößler-Bericht stand übrigens nichts von der von Franz Catta finanzierten Unimog-Entwicklungsgesellschaft, die laut anderen Aussagen zu dieser Verbindung geführt haben soll.

Nach Kenntnisnahme der vorliegenden günstigen Beurteilungen sowie einer Vorführung war man – nicht zuletzt im Hinblick auf die Überlebensmöglichkeit durch Produktion einer landwirtschaftlichen Maschine – bereit, die weiteren Versuchswagen und das neue Getriebe zu bauen. Diese Firma war gleichfalls nicht auf eine Kraftfahrzeugproduktion eingerichtet, hatte genausowenig das dazu erforderliche Fachpersonal. Aber – so Rößler in seinen Aufzeichnungen: »Mit ihr war gleichzeitig ein potenter Geldgeber gefunden worden!«

Weiter schildert Rößler die Stationen der Unimog-Geschichte zwischen Frühjahr 1947 und dem Beginn der Serienfertigung im Herbst 1948. Er berichtet von der ersten offiziellen Vorstellung des Unimog auf der DLG in Frankfurt im August 1948 und bestätigt dabei auch die Plombierung der Motorhaube, »denn die patentrechtliche Anmeldung des OM 636 befand sich gerade auf dem Postweg«. Anhand der beiden ausgestellten Fahrzeuge aber wurde »hauptsächlich über unsere Pläne diskutiert, und es bildete sich damals schon eine Unimog-begeisterte Gemeinschaft von Landwirten, Ingenieuren, Wissenschaftlern, Forst- und Volkswirten ...«

Als die ersten Prototypen dann offiziell für den Verkehr auf öffentlichen Straßen zugelassen werden sollten, standen neue Probleme ins Haus. Vor allem die anstehende Entscheidung, wie dieses Fahrzeug denn nun einzustufen sei, bereitete große Schwierigkeiten: Für einen Ackerschlepper lag die technisch mögliche Höchstgeschwindigkeit zu hoch und an einem Auto sah die Straßenverkehrszulassungsordnung keinen Anbau von landwirtschaftlichen Arbeitsgeräten vor. Der Unimog war beides, oder auch keins von beidem.

Eine in Rößlers Aufzeichnungen auf den 18. 10. 1948 datierte Vorführung auf Burg Staufeneck bei Göppingen vor den Landwirtschafts-, Finanz- und Verkehrsbehörden des »Vereinigten Wirtschaftsgebietes« (der damaligen Bizone) sollte helfen.

»Viel Verständnis und Hilfe haben uns damals zuteil werden lassen Ministerialrat Schumann vom Verkehrsressort, der schon erwähnte Herr von Waechter vom Landwirtschaftsressort (später dann Verkehrs- und Landwirtschaftsministerium), die Arbeitsgemeinschaft Ackerschlepper (AGA) in Frankfurt und die Professoren Dr. Ing. Rudolf Franke und Dipl. Ing. Helmut Meyer, die uns mit Gutachten unterstützten. Ohne diese Hilfe hätte es viel länger gedauert, den Unimog als Ackerschlepper anzuerkennen, um die Landwirte nicht gegenüber Käufern anderer Ackerschlepper zu benachteiligen ...«

Dann gab es Sorgen um die Geräte. Weder Erhard und Söhne noch Boehringer konnten die aufwendigen Geräte produzieren und finanzieren. Man mußte daher schon ab 1946 – also während der frühen Entwicklungsphase des Fahrzeugs – damit beginnen, in mühseliger Kleinarbeit solche Gerätehersteller zu finden, sie zu begeistern und zu überreden, ihre Geräte dem Unimog anzupassen oder sogar neue zu entwickeln, auf eigene Rechnung und eigenes Risiko. Wegen der technischen Konzeption des Unimog keine einfache Angelegenheit: Vielen dieser Firmen erschien nämlich die Allradfederung des Unimog suspekt, ein Grund, das Funktionieren ihrer Geräte am Unimog zu bezweifeln. Denn herkömmliche Schlepper besaßen in aller Regel überhaupt keine oder allenfalls an der Vorderachse eine bescheidene Federung mit minimalem Federweg ...

So gab es bei der DLG 1950 in Frankfurt, bei der Boehringer einen Unimog mit geschobenem Hackgerät ausstellte, heftige Diskussionen über die Lenkeigenschaften und die Qualität der Hackarbeit. Zitat Rößler: »Nur wenige verstanden schnell genug für uns, daß ein großvolumiger Schlepper-(Hinterrad)-Reifen bei solcher Belastung nahezu denselben Einfederweg hat wie die kleineren Unimog-Räder plus Federung.«

Wegen geeigneter Reifen gab es anfänglich Probleme: Es waren nämlich überhaupt keine auf dem Markt. Dies war ja auch der Grund für die Verwendung herkömmlicher Straßenreifen mit Feinprofil bei den ersten Erprobungs- und Demonstrationsfahrten. Die Versuche waren voll im Gang, als Dunlop und Continental als erste passende Spezialreifen für den Unimog entwickelten und fertigten.

Die nächste Entwicklungsaufgabe erging an die Räder-Hersteller. Nach den Vorgaben der Reifenhersteller waren entsprechende Räder mit Tiefbettfelgen zu konstruieren, die beim Umsetzen (Wenden von innen nach außen) die in der Landwirtschaft genormte nächstgrößere Spurweite ergeben sollten. Und auf jeden Fall mußten dabei die Reifen bei einem Luftdruck von nur 0,8 bar noch die volle Zugkraft übertragen können, auch in der Ackerfurche.

Doch ebenso diese Aufgabe wurde mit tatkräftiger Hilfe von seiten der Reifen- und Felgenhersteller gelöst. Schon bald gab es die unterschiedlichsten Reifen mit breiter und schmaler Lauffläche und speziellen Profilen. Da Reifenwerkzeuge bekanntlich recht teuer sind, stellte die Reifenindustrie immer wieder – zu Recht – die Frage nach den zu erwartenden Stückzahlen bei den einzelnen Reifenvarianten, denn schließlich mußten die Herstellungswerkzeuge und -formen wieder amortisiert werden. Jedoch wer wußte zu jener Zeit schon eine Antwort? Andererseits wurden alle diese Reifenvarianten dringend benötigt; sie mußten bei den Geräteanbauten mit berücksichtigt werden.

Viele neue Zusatzgeräte entstanden in enger Zusammenarbeit zwischen den Unimog-Leuten und den Geräte-Spezialherstellern: So das schon erwähnte geschobene Hackgerät, verschiedene Front-Mähwerke und eine Rüben-Vollerntemaschine, bei der die Rüben auf der Hilfsladefläche des Unimog gesammelt wurden und damit die Zugkraft erhöhten sowie die Schlechtwetter-Arbeit ermöglichten. Ebenso gab es bald ein Kartoffellegegerät, bei dem die Kartoffeln von der Pritsche aus selbständig ins Gerät nachrutschten. Und von der Firma Speiser in Göppingen wurde eigens für den Unimog ein spezieller Mähdrescher-Aufbausatz entwikkelt.

Obwohl dies nicht zur unmittelbaren Unimog-Entwicklung gehörte, mußten diese Punkte vor Anlauf einer Serienproduktion soweit wie möglich geklärt sein, um einen ausreichenden Verkauf des Unimog erwarten zu können. Boehringer mußte für die Unimog-Fertigung hohe Beträge investieren und stellte wie alle Zulieferer die Frage nach der Amortisation. Um die Finanzierung und Mitverantwortung der am Unimog unmittelbar Beteiligten zu klären, war bereits am 14. 6. 1946 eine »Entwicklungs-Gesellschaft b. R.« vereinbart worden. »Die Firma Erhard und Söhne hatte sich für die Entwicklung des Unimog bis zur äußersten Grenze engagiert – eine echte und weitsichtige unternehmerische Entscheidung. Noch glich alles einem Tanz auf dem Hochseil...« (Rößler).

Im Februar 1948 wurde der Umzug nach Göppingen beschlossen. Genauer: begonnen. Die Firma Boehringer übernahm den gesamten Unimog-Sektor und nach einem recht schwierigen Anlauf im Herbst 1948 wurden bis Herbst 1950 dort 600 Einheiten gebaut und verkauft. Einschließlich Fahrerhaus, Ladepritsche, Vierradantrieb und Zapfwellen kostete das Fahrzeug 13 800 Mark in der Serienausführung. Daneben gab es zum Anbau bestimmter Geräte Sonderausführungen, etwa mit einem Kriech- und Schnekkengang-Getriebe.

Deutlicher als andere Chronisten schildert Rößler, wie Boehringer anfangs noch über keine Verkaufsorganisation, kein Händlernetz für Ackerschlepper verfügte.

»Eine Karte mit farbigen Stecknadeln zeigte uns immer wieder, daß dort, wo ein Unimog verkauft war, bald weitere hinzukamen – wenn auch nicht so schnell wie gewünscht. Zu jener Zeit war die Entwicklung – Konstruktion und Versuch – voll ausgelastet mit der Beseitigung anfänglich aufgetretener Kinderkrankheiten und dem Anbau möglichst vieler Geräte...« Was wohl heißen soll: Mit der Konstruktion und Entwicklung möglichst vieler Anbaugeräte. Für den kommunalen Sektor, wie damals entstandene Schneepflüge und Schneeschleudern zeigen. Es zeigt die Beschreibung der zu jener Zeit gefundenen Form der Zusammenarbeit mit den einzelnen Geräteherstellern, die sich gut bewährte. So wurde zur Vermeidung von Fehlern bei Anbau und Bedienung in gegenseitiger Abstimmung exakt vereinbart, wie Gerät und Unimog ausgerüstet sein mußten. Dies wurde schriftlich niedergelegt und von beiden Seiten per Unterschrift bestätigt. Diese »Geräte-Angaben« wurden an Verkaufs- und Kundendienststellen weitergeleitet, so daß die Kunden exakt beraten werden konnten. Nach dieser gegenseitigen Abstimmung gab es kaum Reklamationen.

Damit aber stieg – früher als dem damaligen Hersteller Boehringer eigentlich lieb sein konnte – auch die Nachfrage nach dem Unimog, vor allem auch aus dem europäischen Ausland und insbesondere aus der Schweiz. Im Hochgebirge erwiesen sich nämlich viele herkömmliche Schlepper als wenig brauchbar; Allradantrieb und Geländegängigkeit des Unimog jedoch machten dieses Fahrzeug universell einsetzbar.

Die Kapazität der Firma Boehringer war begrenzt, eine Erweiterung der Produktion ohne kostspielige Investitionen nicht möglich. Hinzu kam im Herbst 1950 der Ersatz des bisherigen Motors vom Typ OM 636 bei Daimler-Benz durch den nicht mehr unter die Haube des Unimog passenden OM 636/II, der zum Lieferstop führte.

Das ZF-Getriebe – »schwer einzubauen«?

Dem Autor erscheint die mehrfach zitierte Angabe fraglich, das von der Zahnradfabrik Friedrichshafen gelieferte Getriebe sei »schwer montierbar« gewesen. Wäre dies – wie Heinrich Rößler schrieb – der Fall gewesen, so würde dies wesentliche Entwicklungsarbeiten und spätere Probefahrten mit dem Unimog vor der Übernahme durch Boehringer in Frage stellen. Bekanntlich kam es im Oktober 1946 zu ersten, recht erfolgreichen Erprobungen in der Praxis, also mußte auch das Getriebe hier seine Feuertaufe bestanden haben.

Unbestritten bleibt indes die Tatsache, daß das von Rößler für den Unimog konstruierte Getriebe gewisse Material- und Fertigungsmängel aufwies – man schrieb schließlich das Nachkriegsjahr 1947. Weder gab es hochwertigen Stahl, noch waren die Fertigungsanlagen bei ZF, bedingt durch Kriegseinwirkungen, auf dem besten Stand. Es wird ebenso wenig bestritten, daß Boehringer – mit intakten Produktionsanlagen – unter diesen Voraussetzungen, vielleicht sogar unter Verwendung noch vorhandener Materialbestände, qualitativ bessere Getriebe liefern konnte wie die Tatsache, daß Dr. Irtenkauf das ursprüngliche Getriebe auf Basis der Rößler-Entwürfe verbesserte und weiterentwickelte. Dadurch wurde es auf jenen Standard gebracht, der eine Weiterverwendung nach der Produktionsübernahme durch die Daimler-Benz AG im Februar des Jahres 1951 ermöglichte.

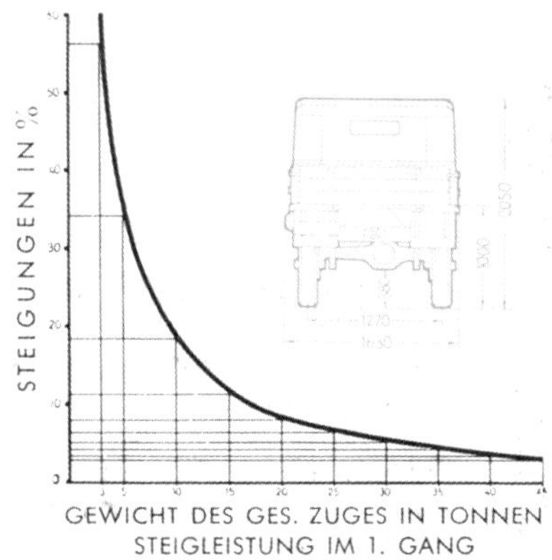

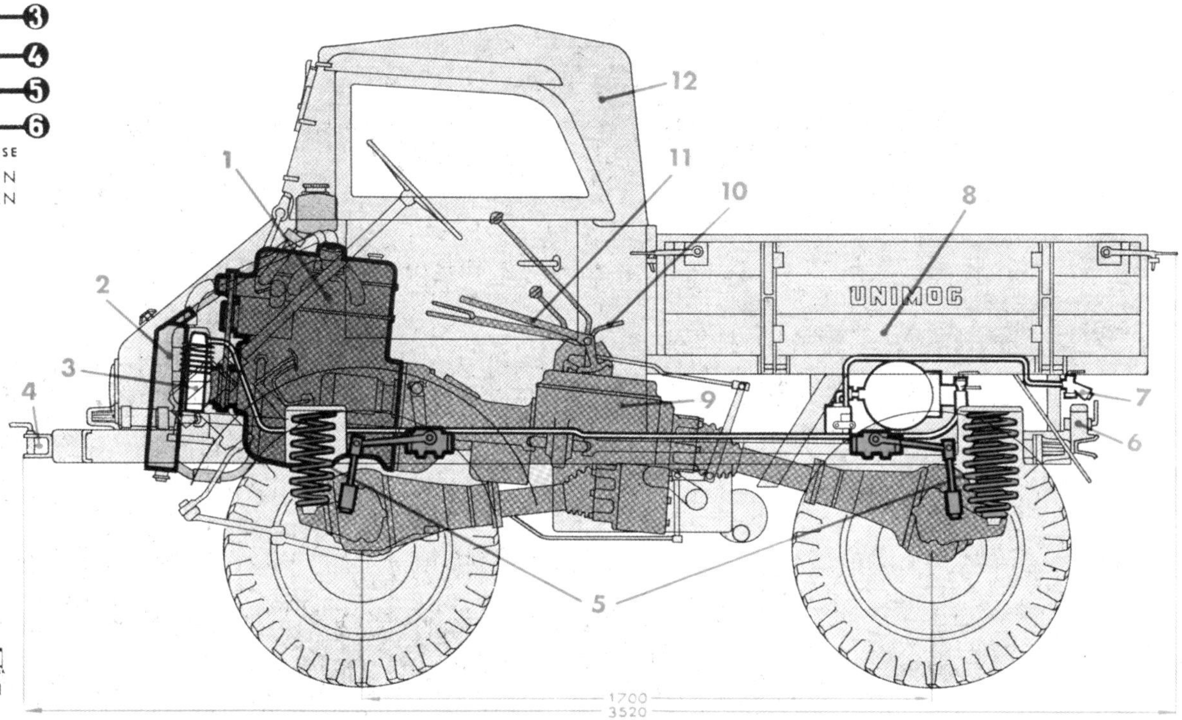

Oben: Einer der ersten Prospekte, der von der Daimler-Benz AG für den jetzt in Gaggenau produzierten Unimog herausgegeben wurde. Noch handelte es sich beim Antriebsaggregat um den 25-PS-Diesel OM 636.

Ganz links: Seilwinde am Heck des Unimog. Links: Der Motor des Unimog war lange Zeit im Grundaufbau identisch mit dem des Personenwagens 170 D.

Rechts: Antriebstechnik und Fahrwerk des ersten Mercedes-Benz Unimog von 1951. Sehr gut erkennbar ist der Aufbau des Portalachsen-Antriebs.

Unten: Hier wird die Fähigkeit zur Achsverschränkung deutlich. Rechts daneben: Anfangs hatte das Fahrzeug kein festes Fahrerhaus, sondern ein Segeltuchverdeck, das man auch für den Pritschenbereich bekommen konnte.

Blick auf den 1956er Unimog ohne Aufbau. Im Heck des jetzt 30 PS starken Wagens das Druckluftgerät für Anhängerbremsen und diverse Anbaugeräte.

Ein technisch interessantes Experiment: Unimog mit Heckmotor und Mittellenkung (das Lenkrad ist nach vorn umgelegt).

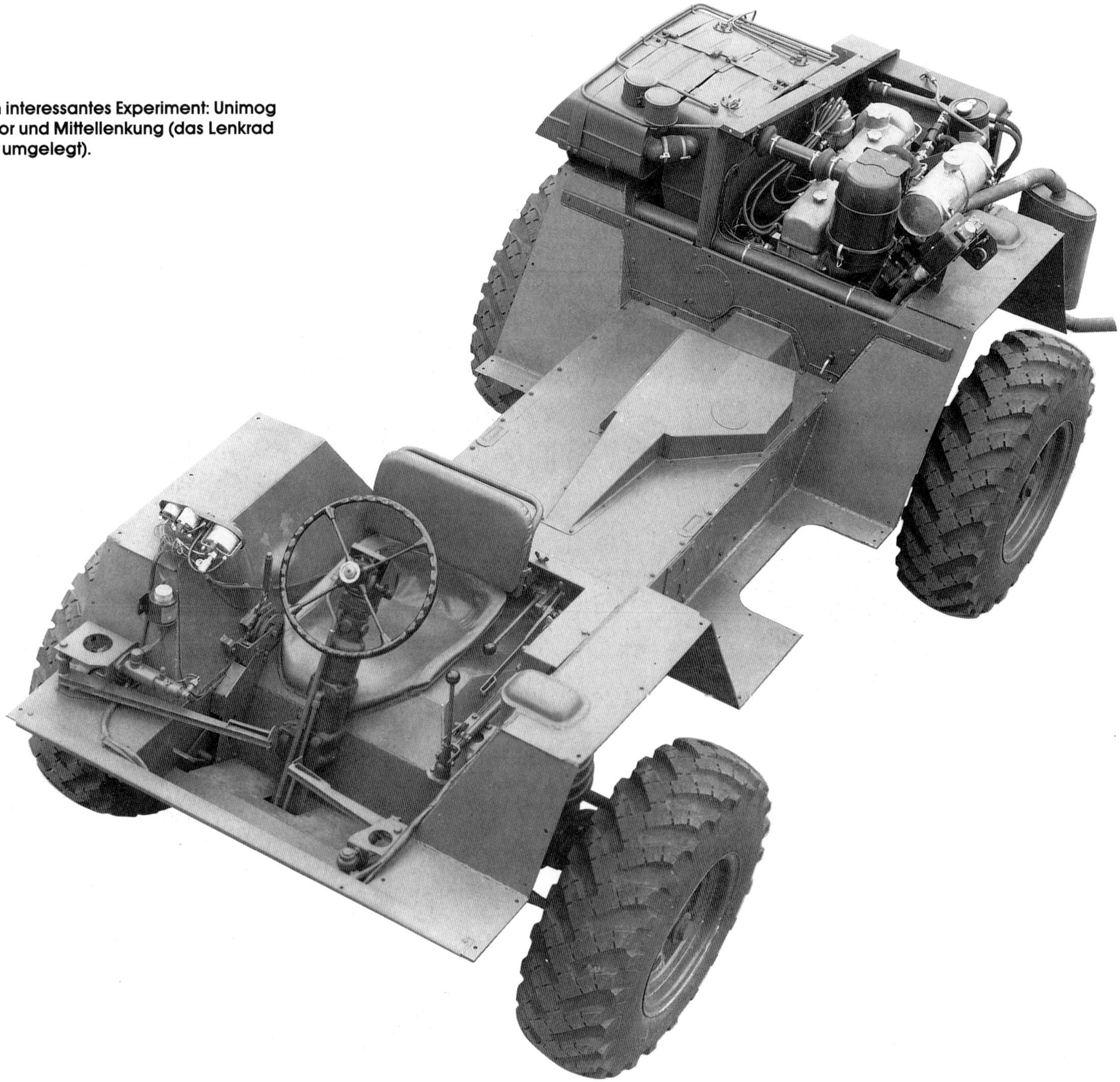

Erinnerungen eines Veteranen

Hans Zabel – der Mann, der den Namen Unimog prägte

Wenn die Erinnerungen und Archivbeiträge der Unimog-Pioniere Albert Friedrich, Manfred Braun, Heinrich Rößler und Dr. Joseph Irtenkauf im Rahmen dieser Dokumentation Berücksichtigung finden, sollte eines Mannes gedacht werden, der nicht minder am Zustandekommen des Unimog beteiligt war und wiederholt zitiert wurde: Hans Zabel.

Manfred Braun war es, der im Rahmen seiner Recherchen für die Entstehungsgeschichte des Unimog noch einmal den greisen Oberingenieur Hans Zabel aufsuchte und von ihm Aufzeichnungen erhielt, die er seinerseits dem Autor dieses Buches zur Verfügung stellte. Aufzeichnungen, die dazu beitragen, die letzten Lücken in der Frühgeschichte des Unimog zu schließen. Denn Hans Zabel ist einer der wenigen, die den Unimog seit seiner Geburtsstunde begleiteten.

An der Glaubwürdigkeit dieses Berichtes ändern selbst zwei Ungereimtheiten nichts, die hier vorab richtiggestellt werden sollen.

So sagte Zabel, Direktor Friedrich sei Leiter der Flugmotoren-Konstruktion in Stuttgart-Untertürkheim gewesen. Es gilt hingegen als erwiesen, daß Friedrich in Berlin-Marienfelde gearbeitet hatte.

Zum anderen ist laut Zabels Angabe die Besetzung Stuttgarts im April 1945 durch die Amerikaner erfolgt. Richtig ist, daß nicht die Amerikaner, sondern die Franzosen nach Stuttgart kamen; nur der Osten des damaligen Landes Württemberg war von US-Truppen besetzt. Man kann davon ausgehen, daß Hans Zabel die damalige Situation, die er beschreibt, auf das in Ost-Württemberg gelegene Schwäbisch Gmünd bezieht und somit hat alles seine Richtigkeit.

Nachfolgend die Wiedergabe seiner Aufzeichnungen vom August 1947:

»Es war im Spätsommer 1944, als durch Rundfunk und Presse die Gedanken des Amerikaners Morgenthau bekannt wurden, daß Deutschland nach der bevorstehenden Totalniederlage in einen Agrarstaat ohne Industrie umfunktioniert werden müsse.

Mit dieser Meldung wurde bei Herrn Direktor Albert Friedrich, seinerzeit Leiter der Flugmotorenkonstruktion bei Daimler-Benz in Stuttgart, die Idee wachgerufen, eine neuartige Entwicklung einer Arbeitsmaschine für die Land- und Forstwirtschaft aufzugreifen.

Herr Friedrich, ausgestattet mit reichen Erfahrungen (auch) im Fahrzeugbau und einer Liebe zur Landwirtschaft, ging von dem Gedanken aus, daß die Struktur der deutschen Landwirtschaft rationellere Arbeitsmethoden verlange: Ein Einsatz von Spezialmaschinen für die verschiedensten Arbeitsaufgaben läßt sich nicht durchführen, da die zu bearbeitenden Flächen zu klein sind, und die finanziellen Mittel fehlen.

Eine Arbeitsmaschine (für die deutsche Landwirtschaft) muß (deshalb) alles können, sie muß vielseitig einsetzbar sein. So entstand der Gedanke zur Entwicklung des Unimog.

Im April 1945 erfolgte die Besetzung des Landes durch die Amerikaner und Franzosen. Ende Mai begann Herr Friedrich mit der Entwicklung bzw. mit dem Zusammentragen des zur Entwicklung erforderlichen Materials. Aus der Bibliothek der Landwirtschaftlichen Hochschule in Stuttgart-Hohenheim wurden u. a. die Jahrgänge der Zeitschrift *Landtechnik* ausgeliehen; alle darin enthaltenen Kritiken und Forderungen, die an die Konstruktion von Schleppern und Maschinen verfolgt sind, wurden notiert; es wurde Kontakt mit erfahrenen, fortschrittlich eingestellten Landwirten aufgenommen, um so eine genaue, der Zeit entsprechende Aufgabenstellung vorliegen zu haben und diese mit eigenen Gedanken versehen zu können.«

Nachstehend Beispiele, durch welche die Konstruktionsrichtung gegeben wurde: »Eine Arbeitsmaschine für Land- und Forstwirtschaft muß auf das Feld, auch in den Wald, d. h. sie muß ins Gelände!

Aufgabe: Die Maschine muß voll geländegängig sein, sie muß Allradantrieb haben, mit Differentialsperren an beiden Achsen. Im Hackfruchtbau und beim Einsatz im Wald wurde (an bisherigen Maschinen) jedoch zu geringe Bodenfreiheit beanstandet. Also: Achsmitten müssen oberhalb der Radmitte liegen. Das bedeutet Portalachsen mit Laufradvorgelegen. Diese Laufradvorgelege begünstigen gleichzeitig eine vorteilhafte, tiefe Lage des Fahrzeug-Gesamtschwerpunktes.
Fast alle Schlepper wurden wegen falscher Gewichtsverteilung kritisiert: Rund zwei Drittel des Gewichts lagen auf der Hinter-, nur ein Drittel auf der Vorderachse. Bei schwerem Zug bergauf bäumten sich diese Schlepper vorne auf und gefährdeten so die Weiterfahrt. Also: Umgekehrte Gewichtsverteilung, vorne zwei Drittel und hinten ein Drittel.
Über 50 Prozent des Einsatzes von Schleppern besteht aus Transportaufgaben (mit Fahrten auf der Straße). Alle damaligen Schleppertypen liefen nur bis maximal 20 km/h. Aufgabe: Geschwindigkeitsstufen mit Langsam und Schnell vereinen. Da für Schnellfahrten ein gefedertes Fahrzeug erforderlich ist, Rahmen mit Federung und Stoßdämpfern, außerdem gleichgroße Räder vorne und hinten.
Zu primitiver Fahrersitz, zu wenig Schutz gegen Witterungsunbill, zu primitive und gefährliche Mitfahrmöglichkeit für zweite Arbeitskraft! Aufgabe: Eine geschlossene Karosserie soll Triebwerk, Fahrer und Mitfahrer schützen. An den (bisherigen) Schleppertypen gab es Geräte-Anbaumöglichkeiten nur hinten und mit Mähwerk seitlich. Folglich: Schaffung von Möglichkeiten zum Anbau von Frontanbaugeräten, für deren Antrieb, und gleichzeitig für Aufbaumöglichkeiten von Geräten durch den freien Raum hinter Triebwerk und Fahrersitz. Verbunden damit serienmäßige Lieferung einer Hilfsladefläche (Pritsche).
Anschließend beschreibt auch Hans Zabel, wie die Unimog-Entwicklung ins Haus der Firma Erhard und Söhne in Schwäbisch Gmünd verlegt wurde, wie man von dort aus Kontakte zu den einzelnen Zulieferern knüpfte. Interessante Einzelheit: Anfang März 1946 verließ die erste Fertigungszeichnung das Reißbrett. Und am 9. 10. 1946 erfolgte der Start des ersten Versuchs-Unimog als Chassis mit Triebwerk, noch ohne Karosserie. Im täglichen Dauereinsatz erkannte man sehr rasch, wo und welche Änderungen erforderlich waren.
Nachfolgend nochmals Original-Wortlaut Zabel:
»Ende 1946, nach Fertigstellung der Karosserie zum Fahrzeug, interessierten sich die Experten der Landwirtschaft mit ihrem Minister an der Spitze ebenso für das neue Fahrzeug wie höchste Stellen der US-Besatzungsmacht. Die Leistungen des Fahrzeugs im Gelände, seine Zugkraft und Steigfähigkeit usw. wurden bewundert und bestaunt. Dies gab Ansporn zum Bau weiterer Versuchsfahrzeuge; Versuchseinsätze und Vorführungen wurden pausenlos fortgesetzt.«
Anschließend erwähnt er das Zustandekommen der Bezeichnung »Unimog«, verschweigt dabei aber, daß er selbst es war, der dieses Kürzel für das »*Uni*versal-*Mo*tor-*G*erät« erfunden hatte.
Weiter: Hans Zabel schildert die Vorführungen von dabei sichtlich beeindruckten namhaften Experten. So vor Prof. Dr. Meier vom Schlepperprüffeld Völkenrode, Prof. v. Fischer-Schlemm aus Hohenheim, Ministerialdirigent von Waechter vom Landwirtschaftsministerium sowie Forstexperten aus Bayern, Baden, Württemberg und Niedersachsen.
Keine Rede hingegen von einer zu geringen Fertigungskapazität bei Erhard und Söhne, und ohne Festlegung durch ein Datum die Angabe, daß »es gelang, in einer nie dagewesenen kurzen Zeitspanne das Fahrzeug zum Bau einer Null-Serie fertigungsreif zu entwickeln.«
Auch verschweigt Hans Zabel in seinen 1967 zu Papier gebrachten Aufzeichnungen den genauen Zeitpunkt der Gründung der Unimog-Entwicklungsgesellschaft ebenso wie die Rolle des seinerzeitigen Hauptkapitalgebers Franz Catta und erwähnt nur, daß Herr Friedrich und einige seiner damaligen Mitarbeiter eigene Mittel dazu zur Verfügung gestellt haben. Dafür erfahren wir in seinem Kapitel zur Fertigungsübernahme durch Boehringer das ungefähre Datum des Beitritts der Herren Boehringer zur Unimog-Entwicklungsgesellschaft: Frühjahr 1947.
Und anders als Dr. Irtenkauf schildert Zabel die Übernahme der Unimog-Fertigung durch Boehringer als vorbehaltlose Entscheidung der Gebrüder Boehringer, um ihre Firma von der Liste für eine Demontage von Fertigungsanlagen gestrichen zu bekommen.
Die folgenden Passagen stimmen inhaltlich wieder völlig überein mit den Aufzeichnungen der Herren Braun und Dr. Irtenkauf, so die Verlegung der Produktion im zweiten Halbjahr 1947 von Gmünd nach Göppingen, ebenso die Übersiedlung der gesamten Unimog-Entwicklungsmannschaft Anfang 1948. Die Episode mit der verplombten Motorhaube auf der DLG im August 1948 in Frankfurt – aus patentrechtlichen Gründen – wird geschildert, die Tatsache, daß alle zuvor gebauten Versuchswagen noch mit dem Benzinmotor aus dem PKW 170 V ausgerüstet waren.
Die Fertigungsübernahme durch Daimler-Benz erklärt Zabel folgendermaßen: »Daß Daimler-Benz bereits im Herbst 1950 die Fertigung des Unimog von der Unimog-Entwicklungsgesellschaft übernommen hat, war darauf zurückzuführen, daß die Firma Gebrüder Boehringer kurz nach Übernahme der Unimog-Fertigung – durch Inkrafttreten des Marshall-Plans – die Freigabe zur Wiederaufnahme der Produktion von Werkzeugmaschinen bekommen hat.« Und: »Eine drin-

gend notwendig gewordene Produktionssteigerung war bei dem bestehenden Maschinenpark ohne wesentliche Erweiterung nicht (mehr) möglich…«
Jedenfalls wurde nach den Aufzeichnungen Zabels bereits im September 1950 (also nach Erscheinen der verbesserten Diesel-Personenwagen) im Zuge dieser Verhandlungen die Entscheidung zu einer Verlegung der Unimog-Produktion ins Daimler-Benz-Schwerlastwagenwerk in Gaggenau getroffen. Und im Januar 1951 siedelte die gesamte Unimog-Mannschaft von Göppingen über nach Gaggenau.
Nochmals Original-Wortlaut Zabel:
»Erwähnt sei noch, daß bei der Unimog-Fertigung bei Boehringer zu viele Teile und komplette Aggregate von Fremdfirmen hergestellt werden mußten, z. B. die Achsen von der Firma Hirth-Motoren in Stuttgart-Zuffenhausen, die komplette Karosserie bei Erhard und Söhne in Schwäbisch Gmünd, die Pritsche bei Fa. Spieth in Esslingen, usw….« Als Datum für die Auslieferung des ersten Mercedes-Benz-Unimog gibt Zabel Anfang Juni 1951 an und erwähnt in diesem Zusammenhang auch gleich, daß die Verkaufsorganisation durch Einsatz neuer Vertretungen erweitert, die Fertigungsstückzahl beträchtlich erhöht werden konnte.

Rechts: Auch in der Forstwirtschaft ein Mädchen für alles. Langholztransport per Spezialanhänger.

Links: Auch das Be- und Entladen ließ sich über die vom Unimog-Motor angetriebene Winde mühelos vollziehen.

Unten: Schädlingsbekämpfung im Wald um 1950.

Großserienbau und Weiterentwicklung in Gaggenau

Seit Jahresanfang 1951 produziert Daimler-Benz den Unimog in eigener Regie.

Über die Zukunft Deutschlands als Agrarstaat mochten sich die Alliierten vor Beendigung des Krieges noch einig gewesen sein – erste Differenzen gab es, als sich die Siegermächte im Juli 1945 in Potsdam erneut trafen. Noch orientierte man sich am Morgenthau-Plan, doch immer mehr Politiker – gerade in den Vereinigten Staaten – plädierten für eine Integration der nicht von der UdSSR besetzten Gebiete Deutschlands in ein wirtschaftliches Bündnis mit den West-Alliierten. Federführend war hier der prominente US-General und langjährige Chef des amerikanischen Generalstabs George B. Marshall, der in der zweiten Legislaturperiode Harry S. Trumans dessen Außenministerium übernehmen sollte.

Die Notwendigkeit eines Bündnisses West-Deutschlands mit dem nicht-kommunistischen Teil der Welt zeichnete sich schon früh ab. Und der Marshall-Plan ersetzte den Morgenthau-Plan – statt Demontage hieß die Devise jetzt Förderung des Wiederaufbaus.

Und wenn die 1949 gegründete Bundesrepublik Deutschland noch bis Mitte Mai 1955 unter Aufsicht der alliierten Besatzungsmächte gestellt blieb, so zeigte ihre erste, im September 1949 gewählte Regierung großes Interesse an solcher Zusammenarbeit mit den USA, Großbritannien und Frankreich, die ihrerseits den wirtschaftlichen Wiederaufbau nach Kräften förderten.

Kaum hatte nach der Währungsreform vom 20. 6. 1948 die neue D-Mark die wertlos gewordene alte Reichsmark ersetzt, da gab es in der zweiten Jahreshälfte schon wieder fabrikneue Autos zu kaufen. Zuvor hatte man nur als Privilegierter die Chance gehabt, einen neuen Wagen zu bekommen. Natürlich begann der Kraftfahrzeughandel schleppend und der Export hatte stets Vorrang: Das Land brauchte Devisen. Aber dank Marshall-Plan normalisierten sich die Verhältnisse alsbald. Die ersten Jahre der jungen Bundesrepublik brachten einen Konjunktur-Frühling mit sich, der später als die Zeit des »Wirtschaftswunders« in die Geschichte einging.

In der Land- und Forstwirtschaft machte sich ab Mitte 1948 die Unterstützung durch die USA ebenfalls bemerkbar. Nutzfahrzeuge und Geräte kamen herüber, Saatgut und Materialien. Nur herrschte ein großer Mangel an Arbeitskräften; viele Männer waren im Krieg geblieben. Um so rascher entwickelte sich die Nachfrage nach landwirtschaftlichen Maschinen, Schleppern und Spezialgeräten.

Neuzeitlicher Landbewirtschaftung waren die deutschen Schlepper traditioneller Bauart bald nicht mehr gewachsen. Technisch veraltete Konstruktionen, die – wie der Lanz-Bulldog mit seinem Einzylinder-Glühkopfmotor zum Beispiel – aus den frühen zwanziger Jahren stammten, vermochten mit den neuen Maschinen nicht schrittzuhalten. Die aber waren teuer und wenn sie nicht via Marshall-Plan nach Europa kamen, konnte sie sich kein Landwirt kaufen.

Mehr Leistung war gefragt und das führte zu einer allgemeinen Verknappung der Zeit. Moderne Fahrzeuge wurden benötigt, mit denen man schnell vorankam, anstehende Aufgaben rascher erledigen konnte als früher. Wer an der Konjunktur teilhaben wollte, mußte sich 'ranhalten.

Rechts: Unimog der neuen Generation U 1300/1700, Basismodelle der achtziger Jahre.

UNIMOG
1
Schwere Baureihe
UNIMOG

Ackerschlepper, Zugmaschine, Auto

Anatomie eines Arbeitsgerätes für tausendundeinen Zweck

Der Grundstein für das ab 1953 immer größere Kreise erfassende »Wirtschaftswunder« war gelegt. Genau in jener Zeit erlebte der Unimog als Alternative zum Auto-cum-Schlepper seine erste Blüte.

13 800 Mark Grundpreis kostete der Unimog 1950. Ganz gewiß kein Pappenstil – den großen Opel Kapitän erhielt man für 9950 Mark. In Anbetracht seiner Vielseitigkeit war das Fahrzeug diesen hohen Betrag wert – der Unimog verband die Vorteile eines leichten Lastwagens mit Ladefläche, Fahrkomfort und Wetterschutz sowie relativ hoher Fahrgeschwindigkeit mit denen eines modernen Ackerschleppers und landwirtschaftlichen Arbeitsgerätes. Man konnte ihn als Stationärmaschine benutzen, als Geräteträger, als Baustellenfahrzeug. Alles in allem waren Anschaffungs- und Unterhaltskosten günstiger als bei einem Traktor plus Automobil. Es sprach sich schnell herum, daß man mit dem Unimog mehr als zwei Fliegen mit einer Klappe schlug. 1950 überstieg die Nachfrage schon deutlich die Produktionskapazität der inzwischen zunehmend wieder im Werkzeugbau engagierten Firma Boehringer.

Die im Sommer 1950 aufgetretenen Schwierigkeiten der Motorenbelieferung durch Daimler-Benz wurden bereits dargelegt, ebenso die Hintergründe. Überraschung löste dennoch ein Schreiben, datiert vom 2. 9. 1950, von Daimler-Benz an Boehringer aus, worin die Stuttgarter sich erboten, die Unimog-Produktion zu übernehmen. Das teilweise neu aufgebaute Werk im badischen Gaggenau biete Fertigungsmöglichkeiten für ungleich höhere Stückzahlen.

Der Handel wurde vollzogen. Die Unimog-Entwicklungsgesellschaft übertrug unter dem Datum des 27. 10. 1950 der Daimler-Benz AG die Produktionsrechte einschließlich aller Patente (es waren bis dahin sechs) und bis zum 18. 1. des folgenden Jahres waren fast alle Unimog-Mitarbeiter von Göppingen nach Gaggenau übersiedelt. Auch Albert Friedrich, mittlerweile von Henschel zurückgekehrt, war unter ihnen.

Wichtigstes Patent war das Deutsche Patent Nr. 937 508, das die neuartige Bauart des Fahrgestells für den Unimog schützte. Nur durch diese Anordnung war eine Einhaltung der Spurweite von genau zwei Kartoffelreihen möglich. Gerade gegen dieses Patent lagen zahlreiche Einsprüche aus der konkurrierenden Ackerschlepperindustrie vor; erst nach einer Verhandlung vor dem Beschwerde-Senat des Patentamts in München vermochte es sich Daimler-Benz am 21. 6. 1956 endgültig zu sichern. Noch heute werden Fahrzeuge danach gebaut.

Das Daimler-Benz-Werk Gaggenau, ein aus den Bergmannschen Industriewerken (später: Süddeutsche Automobil-Fabrik) hervorgegangener Industriebetrieb mit langer Automobil-Tradition, verfügte in der Tat über wesentlich mehr Fertigungskapazität als Boehringer. Eine Verzehnfachung der Monatsproduktion erschien ohne weiteres möglich, wodurch sich auch der Gestehungspreis spürbar senken ließ. Man peilte zunächst einen Monatsausstoß von dreihundert Fahrzeugen an.

Es ergaben sich noch zahlreiche fertigungstechnische Schwierigkeiten. Einerseits sollte der Übergang der Produktion von Göppingen nach Gaggenau schnell und ohne großen Zeitverzug erfolgen, andererseits machte das angestrebte Herstellungspotential neue Produktionsmethoden erforderlich wie etwa die spanlose Verformung zahlreicher Teile, die man bei Boehringer noch aus dem Vollen gefräst (»geschruppt«) hatte. Eine solche Umstellung hätte viel Geld und Zeit gekostet, weshalb man die Fertigung in Gaggenau zunächst auf Boehringer-Anlagen anlaufen ließ. Der erste bei Daimler-Benz entstandene Unimog verließ am 3. 6. 1951 das Werksgelände.

Der Verkaufspreis von 14270 Mark läßt sich nicht unmittelbar mit den 13800 Mark für den Boehringer-Unimog vergleichen; handelte es sich bei letzterem um den reinen Grundpreis ohne Zubehör, während man zum Mercedes-Preis eine Anhänger-Bremsanlage, Zapfwellen vorn und hinten, eine Riemenscheibe zur zusätzlichen Kraftabnahme und ein Kriechgang-Zusatzgetriebe bekam. Der Vierzylindermotor mit 25 PS und ein Klappverdeck waren nach wie vor Standardausführung.

Im Laufe des Jahres 1951 erfolgte, während das Fahrzeug auf den alten Fertigungsanlagen gebaut wurde, parallel dazu die Umstellung auf neue, rationellere Methoden. Der Produktion kam dies ab 1952 zugute – der Herstellungsaufwand des Unimog ermäßigte sich um ein Viertel! Man investierte das eingesparte Geld im Aufbau der Verkaufs- und Kundendienstorganisation.

Besondere Beachtung fand um diese Zeit die Auszeichnung des Unimog mit der Silbernen Preismünze der Deutschen Landwirtschafts-Gesellschaft (DLG) aufgrund umfangreicher Versuche und Befragung zahlreicher Unimog-Besitzer.

Noch immer aber waren nicht alle Schwierigkeiten aus dem Weg geräumt, und so berichtet die Daimler-Benz-Chronik: »Zunächst war innerhalb der Firma Daimler-Benz eine besondere Unimog-Gesellschaft geplant, aber sehr bald begann die schrittweise Überleitung der Unimog-Abteilung in die entsprechenden Organisationen der Firma Daimler-Benz. Im Zuge dieser Entwicklung wurde ab dem 31. 5. 1953 (DLG-Ausstellung in Köln) ein großer Mercedes-Stern am Kühlergitter angebracht, und im September 1956 das Zugkraft symbolisierende, noch aus der Boehringer-Zeit stammende Ochsenkopf-Zeichen durch die Mercedes-Plakette ersetzt. Sie zeigt an, daß das Fahrzeug ein komplettes Daimler-Benz-Erzeugnis ist.«

Besonders nachhaltig gefördert wurde die Unimog-Entwicklung vom damaligen Technischen Direktor und Vorstandsmitglied Prof. Dr. Ing. Fritz Nallinger: »Die Unimog-Leute haben ihm für seine Aufgeschlossenheit und tatkräftige Hilfe sehr zu danken.«

»Papa« Nallinger galt als einer der kreativsten Ingenieure in der inzwischen über hundertjährigen Firmengeschichte des Hauses Daimler-Benz. Er verdient deshalb, in einem Atemzug zusammen mit den legendären Wilhelm Maybach (bis 1907) und Ferdinand Porsche (1923 bis 1928) genannt zu werden. Wobei Maybach und Porsche sich freilich überwiegend auf die Entwicklung von Personen- und Rennwagen beschränkten. Man weiß von Nallinger, daß er sich – wahrscheinlich unabhängig von Friedrich – schon im letzten Kriegsjahr intensiv mit der Entwicklung neuer geländegängiger Leichtlastwagen befaßt hatte, die deutliche Merkmale des späteren Unimog zeigten.

Da Daimler-Benz zunächst über keine Ackerschlepper-Verkaufsorganisation im In- und Ausland verfügte, wurde die kleine Verkaufsorganisation der Firma Boehringer übernommen und weiter ausgebaut, teils ohne, teils mit Anlehnung an die bestehende Daimler-Benz-Verkaufsorganisation. Als die Fertigung richtig angelaufen war, kam der Verkauf nicht mehr mit, wie die Firmenchronik verzeichnet. Es war keine Zeit gewesen, den Markt ausreichend zu bearbeiten. So waren Ende 1952 viele hundert Unimog unverkauft geblieben. Das waren überaus kritische Zeiten, trotzdem: der Unimog hatte einen guten Ruf, der Mercedesstern ebenso. Und beides zusammen führte dazu, daß bald nach der DLG-Ausstellung Ende Mai 1953 alle diese Unimog verkauft waren, hauptsächlich an land- und forstwirtschaftliche Kunden. Ab 1. 4. 1954 war der Unimog dann berechtigt, das »Eignungszeichen des FPA« zu tragen, des Forstwirtschaftlichen Prüfungs-Ausschusses, in Gestalt einer Plakette mit einer stilisierten Eichel am Führerhaus. Auch dies war eine wichtige Referenz.

Zur Übernahme der Unimog-Produktion hätte es für die Daimler-Benz AG keinen günstigeren Zeitpunkt geben können. Nicht nur, daß sich eine rasch zunehmende Nachfrage abzeichnete – man konnte zudem eine einigermaßen ausgereifte Konstruktion übernehmen, so daß sich kostspielige, zeitaufwendige Entwicklungsarbeiten erübrigten. Ohne allzu große Änderungen vermochte man den Bau des Unimog so fortzusetzen, wie er bei Boehringer gefertigt worden war.

Vor allem verfügte man bei Daimler-Benz – ganz im Unterschied zu 1945/1946 – jetzt wieder über Fertigungskapazitäten sowie über ein neu aufgebautes, internationales Händler- und Werkstättennetz. Da natürlich im Ausland die Leistungen des »deutschen Wunderschleppers« bekannt geworden waren, verstand es sich wie von selbst, daß Daimler-Benz den Unimog auf den Exportmärkten offerierte.

Dieser Umstand beantwortet gleich die Frage nach der Motorenbestückung. Wie erwähnt, hatte Boehringer zuletzt keine Dieselmotoren mehr erhalten, da nach Umstellung des Serienaggregats für den Personenwagen, das sich im Unimog nicht ohne weiteres einbauen ließ, eine Kleinserie (von höchstens 30 Stück pro Monat) des Vormodells kaum mehr lohnte.

Mit der Übernahme des Unimog-Baus ins eigene Haus und der sich daraus ergebenden Möglichkeit, größere Stückzahlen aufzulegen, ergab sich eine neue Überlegung. Eine eigens für den Unimog aufgelegte Sonderversion des Dieselmotors OM 636 mit 1767 ccm Hubraum, aber einem Zylinderkopf wie bei dem älteren Baumuster mit 1697 ccm, hatte jetzt wieder einen Sinn. Die 25 PS Nennleistung wollte man beibehalten, dafür die Drehzahlen senken.

Links: Einer der ersten Unimog auf Baustellen-Einsatz in Kanada. Der Export dieser Fahrzeuge hatte schon früh einen besonderen Stellenwert.

Gegenüberliegende Seite: Oben links das 1951er Modell, schon mit Stern, aber auch noch mit dem Boehringer-Wappen. Daneben das erste Modell mit fester Kabine. Mittlere Bildreihe: Rangierlok und Seitenkipper – zwei weitere Verwendungsarten des Unimog. Untere Bildreihe: Pflege der Grünstreifen an Landstraßen. Das Basismodell mit Stoffverdeck und offener Pritsche kostete Mitte der fünfziger Jahre um die 13 000 Mark.

UNIMOG
UNIMOG

FLOHR
ESCHEDE
N42-2086

UNIMOG

Oben ein Unimog von 1954 mit Kompressor für Arbeiten im Steinbruch. Darunter: Schürfbagger bei Straßenbauarbeiten.

Oben: Auch als Zugmaschine für einen Tieflader-Aufleger war der Unimog schon früh zu sehen. Rechts: Viele Unimog laufen seit Jahren bei der Bundesbahn als Instandhaltungsfahrzeuge, auch umrüstbar als Zweiwege-Lastwagen für den Schienenbetrieb.

Da Daimler-Benz über modernere Fertigungseinrichtungen verfügte als zuvor Erhard und Söhne und Boehringer, erfuhren Chassis und Aufbau einige Modifikationen, die ein höheres Produktionstempo erlaubten. Da zugleich die Entwicklung weiterer Zusatzgeräte vorangetrieben wurde, konnte man den Absatz des Unimog auf viele weitere Branchen ausdehnen. Die Entwicklung von Schneefräsen und Räumschilden führte zu Bestellungen durch die Behörden zahlreicher Städte. Der zu dieser Zeit einsetzende Boom der Baubranche ging am Unimog ebenfalls nicht vorbei; als Zugmaschine oder Antriebsgerät für Betonmischer bewährte sich das Fahrzeug ebenso wie zum Abreißen von zerstörtem Gemäuer.

Noch galt ein Auto als Luxusgegenstand; viele, die darauf angewiesen waren, begnügten sich mit einem Gebrauchtwagen, der die Kriegszeit überstanden hatte. Ab 1951 war für Bundesbürger die Jagd wieder erlaubt. Und da die Wege zu Jagdhütten und -revieren selten asphaltiert waren, dafür aber steinig, uneben, durchsetzt mit Schlammlöchern, kam hierfür nur ein allradgetriebener, robuster Wagen nach Art des amerikanischen Jeep in Frage. Diese Autos aus ehemaligen Militärbeständen brauchten enorm viel Sprit, ebenso bekam man keine Ersatzteile. Mit einem Traktor begab man sich jedoch nicht in das Jagdrevier. Im Unimog erkannten immer mehr Jäger und Jagdpächter ein Fahrzeug, das ihre ganz speziellen Wünsche erfüllte – Daimler-Benz machte es möglich.

Äußeres Merkmal des Mercedes-Benz Unimog war der große Stern auf der neugestalteten Kühlerpartie. Eine Zeitlang hatte man den Ochsenkopf mit dem U noch beibehalten, dieses Emblem verschwand zugunsten des Mercedes-Benz-Zeichens. Danach erschien ein festes Fahrerhaus, zu haben ab März 1953.

Immer lauter wurden die Wünsche geäußert, die eine Leistungsanhebung betrafen. Zwar reichten die 25 PS für Schlepperbetrieb im Gelände aus, doch im Straßenbetrieb wünschte man sich etwas mehr »Dampf«. Erst war es das französische Militär (ein sehr früher Unimog-Abnehmer), dann – ab 1956 – die deutsche Bundeswehr. Hauptsächlich in ihrem Interesse entstand der Unimog S mit dem Sechszylinder-Benzinmotor aus dem Personenwagen Mercedes-Benz 220 a. Hier leistete das Triebwerk zunächst 85, später 100 und 106 PS. Für den Unimog begrenzte man die Leistung auf 78, später 82 PS. Der gegenüber der Dieselversion – die unverändert weitergebaut wurde – doppelt so hohe Kraftstoffverbrauch spielte fürs Militär keine Rolle.

Auch als Kran für schwere Lasten ist der Unimog einsetzbar – bei entsprechendem Ballast auf der Pritsche läßt sich eine Tonne Gewicht hydraulisch ohne weiteres anheben.

Rechts: 1963er Version des Unimog Typ U 65. Die Sechszylinder-Dieselmaschine war mit 4,6 oder 5,7 Liter Hubraum erhältlich. Ein solches Fahrzeug kostete damals schon 23 000 Mark.

Unten: Unimog U 65 (Typ 406) als Straßenzugmaschine um 1964. Das geschlossene Fahrerhaus war zur Selbstverständlichkeit geworden.

Ganz links: Radwechsel an einem U 65. Solch einen 12.50-20 im Gelände zu montieren, ist in jedem Fall ein Job für zwei! Rechts daneben: Baustellen-Einsatz mit einem Unimog im Jahre 1955.

Unten: Einen ganz speziellen Unimog baute Daimler-Benz Anfang 1988 – er dient einer Gruppe von Wissenschaftlern bei archäologischen Arbeiten im Orient.

Rechts: Ein schwerer Unimog der neuen Generation auf einem Bauhof in Norddeutschland. Das Modell 1200 wurde 1987 eingeführt; sein 6-Liter-Motor hat eine Leistung von 125 PS.

Unten: Kaum ein Kommunalbetrieb in Deutschland, der heute auf den Einsatz von Unimog-Fahrzeugen verzichten kann. Im Winterdienst haben sie sich besonders bewährt. Das Schneegebläse wurde von der Firma Schmidt in St. Blasien/Schwarzwald entwickelt.

RA 04049
UNIMOG
1250

Linke Seite:
Kippwinkel bis zum Extrem – Teil des Testprogramms, das Daimler-Benz auf dem Gaggenauer Sauberg mit Versuchsfahrzeugen durchzieht.

Oben und rechts:
Alle Geländeformationen mit steilen Auffahrten und Gefällstrecken, spitzen Kuppen, tiefen Wasserdurchfahrten, Böschungen sowie unterschiedlichsten Bodenbeschaffenheiten weist der Sauberg bei Gaggenau auf. Die hier gezeigten Fahrversuche fanden eigens zur Erstellung dieses Buches statt.

**Links: Umgerüstet für den Schienenbetrieb, vermag der Unimog als Zweiwege-Fahrzeug bis zu 300 Tonnen Wagenlast zu rangieren!
Oben: Unimog 1700 Modell 1987, im Einsatz des Technischen Hilfswerks (THW).**

Links: Unimog 1200 von 1978/79 als Zugmaschine eines Straßenbautrupps und oben ein superbereifter Typ 416 von 1969/70, ausgerüstet für Aushubarbeiten im Ruhrgebiet.

Kommunalfahrzeug aus der Baureihe Unimog 416.

In Diensten von Bundeswehr und NATO

Auch das Militär interessierte sich für den Unimog

Über den Unimog als Militärfahrzeug ist in allen Aufzeichnungen und Haus-Chroniken nur sehr wenig zu lesen. Kein Wunder, denn militärische Belange unterliegen schließlich strenger Geheimhaltung, und so ist anzunehmen, daß zeitgenössische Chronisten zuwenig erfuhren, um darüber ausführlich berichten zu können. Selbst maßgeblich an der Unimog-Entwicklung beteiligten Ingenieuren blieb vieles vorenthalten, so daß selbst heute, mehr als 30 Jahre später, noch manche Entwicklungsdetails nicht zugänglich sind.

1955, nach Aufhebung der Militärverwaltung durch Frankreich, Großbritannien und die USA, wurde die Bundesrepublik unter Voraussetzung einer Mitgliedschaft im Nordatlantischen Verteidigungsbündnis (NATO) – zehn Jahre nach Ende des Zweiten Weltkrieges – wieder in die Souveränität entlassen. Dabei ging der damalige Bundeskanzler Dr. Konrad Adenauer die Verpflichtung ein, durch Stellung eines deutschen Heeres zur Verstärkung der NATO einen Beitrag zu leisten. Westdeutschland war somit NATO-Mitglied und als solches berechtigt wie verpflichtet, wieder ein eigenes Heer zu führen.

1954 standen die NATO-Verträge so gut wie fest, und unter dem damaligen Bundestagsabgeordneten Dr. Theodor Blank entstand das »Amt Blank« zur Vorbereitung der neuen Bundeswehr und des Verteidigungsministeriums. Zu diesen Vorbereitungsaufgaben zählten auch die Beschaffung geeigneter Militärfahrzeuge.

Schon zuvor war es zu mehreren Demonstrationsfahrten des Unimog vor der französischen Armee – damals gleichfalls noch Mitglied der NATO – gekommen, gefolgt von einer Bestellung zahlreicher Fahrzeuge, auch für die Polizei.

Interessanterweise begnügten die Franzosen sich mit der normalen Dieselversion von 25 PS, aber erstens war ja auch Diesel beileibe kein untermotorisiertes Gerät, zweitens war Frankreich zu jener Zeit wirtschaftlich ziemlich angeschlagen, mußte Unterhaltskosten sparen. Drittens aber verfügte Frankreich über zahlreiche Kolonien, vor allem in Nordafrika, und dort bewährte sich der Unimog aufgrund seiner technischen Anspruchslosigkeit ebenso wie durch seine hervorragende Geländegängigkeit und Zugkraft.

Hauptträger der NATO aber waren die Amerikaner. Und beim US-Militär waren Dieselmotoren zu jener Zeit nicht sonderlich beliebt. Eine Tatsache, die auch dadurch unterstrichen wird, daß US-Army und Air Force selbst ihre schweren Trucks mit Benzinmotoren betrieben, weil diese mehr Leistung und wesentlich mehr »Temperament« zu bieten schienen. Das Amt Blank stand unter amerikanischem Einfluß, und die Amerikaner verlangten für leichte, geländegängige Nutzfahrzeuge nun einmal Benzinmotoren mit möglichst hoher PS-Leistung.

Auf der Suche nach einem geeigneten Fahrzeug ließ sich das Amt Blank damals den Unimog vorführen, noch in der ursprüngliche Dieselversion. Man zeigte sich beeindruckt von seiner Geländegängigkeit genauso wie von seiner vielseitigen Verwendbarkeit. Nur für den Dieselmotor mit seiner recht bescheiden anmutenden Leistung vermochten sich die Herren des Beschaffungsamtes nicht zu begeistern, und so machte man die Bestellung letzten Endes vom Einbau eines stärkeren Benzinmotors abhängig.

Für Daimler-Benz kein Problem; Flexibilität war schon immer eine Stärke dieses Hauses. Die Versuchsabteilung beschäftigte sich ohnehin ständig mit den unterschiedlichsten Motorisierungs- und Aufbauvarianten, so auch mit Benzinmotoren aus dem Personenwagen-Programm. Zur Erinnerung: 1946 gab es einige in Schwäbisch Gmünd gebaute Prototypen mit dem Benzinmotor M 136 aus dem Personenwagen 170 V.

Solche Parallel- und Nebenentwicklungen für den Versuch ermöglichten den Daimler-Benz-Technikern, bei Bedarf kurzfristig neue Typvarianten auf Band zu legen – genau dies war auch beim Bundeswehr-Unimog der Fall.

Tatsächlich liefen 1954 gleich mehrere Ausführungen mit Benzinmotor im Versuch. Favorisiert wurde ursprünglich eine Version mit dem Vierzylindermotor des Typs 180 / W 120, schon weil dieser aus dem M 136 hervorgegangene Reihenvierzylinder von den Abmessungen her relativ einfach im Unimog-Fahrgestell unterzubringen war.

Doch dieser in seiner Grundkonstruktion noch auf die »Mannheimer« Motorenreihe der frühen dreißiger Jahre zurückgehende Vierzylinder mit seitlich stehender Ventilanordnung galt 1954 als technisch veraltet und fand bei den Rüstungsbeschaffern keine Akzeptanz. Außerdem galt er werksintern als Auslaufmodell, nur noch gebaut, weil sich der geplante Nachfolger in einem sehr frühen Entwicklungsstadium befand.

Bei diesem Folgemodell handelte es sich um einen kurzhubig ausgelegten Reihenvierzylinder mit obenliegender Nockenwelle, abgeleitet von den seit 1951 gebauten Reihensechszylindern der 220-Baureihe, der Ende 1955 erst im 190 SL, ab Frühjahr 1956 in der Limousine des Typs 190 eingebaut wurde (ab 1957 auch im 180 a). 1954 aber war dieser Motor von seiner Serienreife noch weit entfernt, zu weit, um gleich für militärische Zwecke Verwendung zu finden. Denn zu den Gepflogenheiten des Hauses Daimler-Benz gehörte es nun einmal, keine nicht vollständig ausgereiften Entwicklungen auf den Markt zu bringen. Außerdem wußte zu diesem Zeitpunkt auch noch niemand genau, wie sich der im Hubraum doch recht kleine Motor unter extremen Bedingungen verhalten würde, nachdem er ursprünglich für den Mercedes 190 SL konzipiert worden war.

Im Versuch liefen auch schon Varianten mit dem 2,2-Liter-Reihensechszylindermotor aus dem 220 a. Zwar machte dieser relativ lang bauende Motor gewisse Änderungen an Fahrgestell und Karosserie nötig, dafür aber war er schon ausgereift, hatte sich vielfach bewährt. Und sein größerer Gesamthubraum, seine höhere Leistung waren den Militärs von Anfang an sympathischer als Experimente mit hochdrehenden, kleinervolumigen Vierzylindern.

So kam es, daß die Version mit dem Reihensechszylinder-Benzinmotor im leicht modifizierten Fahrwerk von Seiten der Militärbehörden den Zuschlag erhielt, wie sie dann im Mai des Jahres 1955 als Unimog S offiziell vorgestellt wurde.

Aus dem Amt Blank erwuchs wenige Monate später das Bundesministerium für Verteidigung mit Theodor Blank als erstem Verteidigungsminister, und im Januar 1956 rückten die ersten Rekruten als »Bürger in Uniform« zur neuen Bundeswehr ein.

Star des Kraftfahrzeugparks war der Unimog S, das am vielseitigsten einsetzbare Fahrzeug überhaupt, das es bei den Armeen diesseits und jenseits der Grenzen bisher je gegeben hatte. Der Unimog fand nicht nur Verwendung als leichte Allzweck-Zugmaschine und Schnelltransporter, es gab ihn »beim Bund« ebenso als Krankenwagen und Feldküchenfahrzeug (Gulaschkanone), als leichten Truppentransporter, Kurierfahrzeug und – last but not least – sogar als Antriebsmaschine für stationären Betrieb.

Der Unimog gehörte schon bald zu den besten Freunden der Soldaten und war fester Bestandteil der Bundeswehr. Selbst heute sind dort noch nicht alle damals angeschafften Unimog der S-Baureihe ausgemustert.

Und weil sich der Unimog beim neuen deutschen Heer bewährte, kamen Bestellungen von den Dienststellen anderer europäischer NATO-Mitgliedsstaaten. Die Unimog-Produktion erfuhr damals erhebliche Belebung durch das Rüstungsgeschäft.

Doch nicht nur die NATO-Länder zeigten Interesse am Unimog. Immer öfter meldeten sich Delegationen aus solchen Ländern, die nicht zur NATO gehörten, darunter auch das neutrale Österreich, dessen neugebildetes Bundesheer gleichfalls nach einem geeigneten Allzweckfahrzeug nach Art des Unimog suchte.

Jedoch die NATO-Statuten untersagten eine Lieferung an solche neutralen Staaten: Keine vernünftige Regierung ist so vermessen, mit eigenem Material einen Staat aufzurüsten, der dann im Fall einer bewaffneten Auseinandersetzung möglicherweise auf der gegnerischen Seite kämpfen würde. Damit blieb den Österreichern der Unimog versagt, und stattdessen entwickelte die heimische Industrie mit dem Steyr-Puch »Haflinger« ihren eigenen »Unimog« im Westentaschenformat…

Wenngleich es sich beim Haflinger um eine völlig eigenständige Konstruktion – also keine Kopie! – handelte, und obwohl der Haflinger über ein moderneres Fahrgestell verfügte und sein Motor anders angeordnet war, obwohl dieser – übrigens luftgekühlte – Zweizylinder-Boxermotor weitaus weniger PS leistete, konnte das Fahrzeug doch sein Vorbild Unimog nicht verleugnen! Allerdings war der »Haflinger« noch mehr auf die hochalpinen Verhältnisse Österreichs zugeschnitten, freilich auf Kosten der Allroundeigenschaften.

Mitte der sechziger Jahre vollzog sich auch beim Militär allmählich ein Gesinnungswandel zugunsten des Dieselmotors. Selbst bei den Amerikanern, wo die alten Weltkriegsgenerale allmählich in Pension geschickt wurden, die so eisern am Benzinmotor festgehalten hatten. Dies ergab für die Firma Daimler-Benz neue Aspekte, zumal sich der Unimog S, als »landwirtschaftliches Fahrzeug« nicht einzustufen, kaum an zivile Kundschaft verkaufen ließ.

Das unsynchronisierte Getriebe war der eine Mangel des Unimog S, die Klasseneinstufung der andere: Mit seinem Benzinmotor und der beträchtlichen Höchstgeschwindigkeit ließ es sich nicht mehr als »Landwirtschaftliches Nutzfahrzeug« steuerbegünstigt absetzen, zum Leidwesen vieler Privatkunden wie Landwirte.

Dem Verkauf des Unimog S tat dies dennoch keinen Abbruch. Als 1956 die ersten Rekruten der neugebildeten Deutschen Bundeswehr in die Kasernen einzogen, gehörte Daimler-Benz mit gerade diesem – für diesen Zweck besonders geeignet erscheinenden – Typ zu den Erstausstattern des Fuhrparks. Und viele beim Bund ergraute »Zwölfender« schwärmen heute noch vom Unimog S, loben einhellig seine ausgezeichneten Fahreigenschaften, selbst in schwerem Gelände.

Private Kunden erwarben diese erste wirklich stark motorisierte Unimog-Variante allerdings selten: Strafte der Staat das Plus an Fahrvergnügen doch mit einem deftigen Mehr an KFZ-Steuern. Wenn damals nicht die Bundeswehr – und später auch andere Armeen der NATO – eingesprungen wäre, hätte sich der Unimog S möglicherweise zu einem Flop in der Geschichte dieser Fahrzeugreihe entwickelt.

Bei der Erprobung durch die Bundeswehr: Ein Unimog S mit Sechszylinder-Benzinmotor, wie er ab 1955 zur Auslieferung kam.

Links oben ein S-Modell mit der langen Pritsche, daneben ein Fahrzeug im Feuerlöschdienst um 1953. Unten links: Unimog 416 im Dienst der französischen Polizei. Rechts daneben: Feuerlöschfahrzeug, das 1952 nach Mittelamerika geliefert wurde.

Rechts: Ein Bundeswehr-Unimog im Geländeversuch. Als Militär-Geländelastwagen wurde das S-Modell auch an andere Nato-Mitgliedsstaaten geliefert.

Rechts: Bundeswehr-Konvoi auf der Landstraße. Die S-Modelle gab es in zwei Radständen – 2,67 und 2,90 Meter.

Wachstum auf allen Märkten

Charmant, kräftig, vielseitig begabt: »Ein Mädchen für alles«

Nicht nur beim Militär vollzog sich in den sechziger Jahren ein Generationswechsel; sogar die Unimog-Entwicklungsmannschaft war davon betroffen. Albert Friedrich hatte 1955 seinen Platz freigemacht, um am 1. 11. desselben Jahres als Vorstandsmitglied in die Traktorenfirma Lanz (später: Lanz-Deere) in Mannheim einzutreten. Friedrich verstarb, erst 59jährig, im Juni 1961.
Auch die anderen Männer der ersten Stunde kamen ins Ruhestandsalter und gingen teils in Pension, teils für immer von dieser Welt. Mit ihrem Weggang erfuhr ebenso ihr Kind, der Unimog, grundlegende Änderungen.
1963 entstand der erste »mittelschwere« Unimog als Neukonstruktion mit geändertem Fahrwerk, größeren Laufrädern und dickeren Reifen. Die Motoren der neuen Generation – zum Teil aus dem Lastwagen-Programm stammend – hatten Leistungen zwischen 65 und nahezu 150 PS. Mit dieser mittelschweren Unimog-Baureihe erschloß sich Daimler-Benz im In- und Ausland neue Märkte; der Verkauf des kleinen Modells ging in gleichem Maße zurück.
Der Trend der sechziger Jahre ging zu größeren, schwereren Fahrzeugen hin, die Haltbarkeit und Langlebigkeit des Unimog stand Ersatz- und Nachrüstungskäufen oft im Wege. Die durchschnittliche Lebenserwartung eines Unimog betrug 20 Jahre! Mit neuen Bestellungen in größerem Umfang durch den von Ersterwerbern inzwischen gesättigten Markt war vor 1967 also nicht zu rechnen. Und da die ans Militär gelieferten S-Modelle so schnell nicht ersetzt zu werden brauchten, war auch von diesen Seiten nicht mit größeren Aufträgen zu rechnen. Ein etwas größerer, moderner Paralleltyp gleicher Grundkonzeption versprach unter diesen Aspekten eine Belebung des Verkaufsgeschäfts, und die Absatzzahlen der mittelschweren Baureihe in den Jahren bis 1971 gaben den Marketingstrategen bei Daimler-Benz recht.
Schon ab 1958 hatte man Versuche mit dem Einbau stärkerer Dieselmotoren mit Leistungen bis zu 60 PS unternommen, noch immer auf Fahrzeugen, die auf dem Ur-Unimog basierten. Im Mai 1963 kam dann zur Abrundung des Modellprogramms nach oben die mittelschwere Typenreihe hinzu, mit neuen Fahrgestellen, vollsynchronisiertem Getriebe und auf 65 PS angehobener Motorleistung. Vom kleinen und mittelschweren Unimog hatte Daimler-Benz bis zum 24. 8. 1971 insgesamt 200 000 Einheiten gebaut – für ein Nutzfahrzeug mit einer durchschnittlichen Lebenserwartung von 20 Jahren ein stolzer Erfolg! Vor allem als Fahrzeuge für den kommunalen Einsatz erfreuten sich die mittelschweren Unimog zunehmender Beliebtheit. Die Landwirtschaft hatte längst den Beweis erbracht, wie vielseitig der Unimog einzusetzen war, ebenso die Bundeswehr und etliche andere militärische Abnehmer im Ausland. Die Geräteindustrie wurde nicht müde, immer neue Anbauaggregate zu entwickeln. Als Schneeräumer machte der Unimog hauptsächlich Furore – Schneefräsen auf Unimog-Basis gab es bald im marokkanischen Atlasgebirge wie in Skandinavien, in Japan wie in Kanada, auf Island oder in der Schweiz. Bei der Zuckerrohr- oder Bambusernte, auf amerikanischen Baumwollfeldern, auf holländischen Kartoffeläckern wurde der Unimog zur Selbstverständlichkeit. Als Mobilkran, Bagger, Bohrer oder Rangierlok bei der Bahn setzte man den Unimog ein, als Ambulanz- oder Feuerlöschfahrzeug, als Einsatzwagen für tausendundeinen Zweck auf allen Flughäfen, auf Werften, im Tagebergwerk, beim Postbetrieb, im Speditionswesen, beim Hochbau, Tunnelbau, Kanalbau, bei der Straßenreinigung, Müllabfuhr, Grubenentleerung, Seilbahn-Inspektion, Abschleppdienst – es ließen sich seitenlang die Einsatzmöglichkeiten des Unimog auflisten. An Extremen und Superlativen fehlt es nicht: 200 Wagen

arbeiten allein als Einsatzfahrzeuge bei der Untergrundbahn der Millionenstadt Caracas, ebenso bewährten sich speziell ausgerüstete Fahrzeuge bei Minustemperaturen unter 40 Grad Celsius bei Antarktisdurchquerungen.
»Jedem Jahrzehnt seinen Unimog« – nach diesem Motto ließe sich der ursprüngliche kleine Wagen als Unimog der fünfziger Jahre bezeichnen und der mittelschwere Typ als Unimog der sechziger Jahre – beide Versionen bestens zugeschnitten auf die jeweiligen Bedürfnisse und speziellen Anforderungen ihrer Epoche.
1963 bekleidete Dr. Fritz Nallinger noch seine Position als Technischer Direktor im Vorstand der Daimler-Benz AG. Obwohl an der Entwicklung des Unimog nicht unmittelbar beteiligt, war er stets ein Förderer des Unimog. Der mittelschwere Typ entstand unter seiner Regie. Im September 1965 ging der damals 67jährige Konstrukteur in den verdienten Ruhestand; als Nachfolger wurde Dr. Hans Scherenberg bestellt.
Auch Scherenberg kam – wie Albert Friedrich – aus dem Flugmotorenbau, und es ist anzunehmen, daß beide sich aus der Berliner Zeit her kannten. Scherenberg war reiner Motorenkonstrukteur, dessen Hauptleistung in der Entwicklung immer neuer, stärkerer Triebwerke bestand. Unter seiner Führung erhielt der Unimog nicht nur kräftigere Motoren, sondern wandelte sich zum »schweren« Fahrzeug mit neuartigem Fahrwerk, der just zu Scherenbergs Pensionierung im Jahre 1976 debütierte.
Der »schwere Typ« stellte einen bemerkenswerten Schritt auf dem Entwicklungswege des Unimog dar. 1971 hatten die Überlegungen zum Bau eines derartigen Modells ihren Anfang genommen; nach Meinung des Verkaufs sollte das Fahrzeug mindestens 100 PS haben. Solche Aggregate zu bauen, war absolut kein Problem – schwierig war nur die Lösung der Kraftübertragung, die Pferdestärken also via Kupplung und Getriebe einschließlich Kriech- und Schneckengang optimal auf den Boden zu bringen, zuzüglich Antrieb auf die Vorderachse und Kraftabnahme an diversen Zapfwellen. Aus Kostengründen behielt man die bewährte Führung der Achsen durch Schubrohre bei, nur waren die Vorschriften für den Geräuschpegel inzwischen so anspruchsvoll geworden, daß man alles daransetzen mußte, um Lärm und Schwingungen vom Fahrerhaus fernzuhalten. Es schien folglich richtiger zu sein, Motor und Getriebe nicht mehr miteinander zu verschrauben – womit eine gänzlich neue Getriebe-Bauart und auch eine neue Fahrgestell-Konzeption erforderlich geworden waren.
Man entschied sich nach aufwendigen Versuchen für ein Achtganggetriebe, durch Zusatzgetriebe zweimal untersetzt, das alle Anforderungen vom Kriechgang mit 150 m/h und einer Höchstgeschwindigkeit von 80 km/h bei Übersetzungsstufen von 1,35 zu erfüllen versprach.
Da aus den oben erwähnten Gründen ein Anflanschen an das Getriebe unmittelbar an den Motor nicht mehr in Frage kam, ergab sich als beste Lösung folgende Anordnung: Motor und Kupplung oder Wandler sowie Motor-Zapfwellenantrieb nach vorn und hinten, dann eine kurze Gelenkwelle mit Achtganggetriebe, verbunden mit dem angeflanschten Verteilergetriebe mit Kardanwellen in Schubrohren nach vorn und hinten sowie zu dem angeflanschten Reversiergetriebe. Angeflanscht werden können genauso die auf Wunsch lieferbaren Planetengetriebe für Kriech- beziehungsweise Schneckengang. Dies hört sich alles recht komplex an – und das ist es auch. Zumindest inbezug auf die aufwendige Bauart; in der Bedienung und Nutzanwendung ist die Kraftübertragung und -abnahme beim Unimog alles andere als kompliziert.

Schon in den fünfziger Jahren waren Unimog-Schneepflüge und -fräsen im Wintereinsatz überall im Betrieb. Es gab verschiedene Ausführungen, eigens für die Verwendung am Unimog konstruiert.

Links: Ein Unimog 416 im Müll-abfuhr-Betrieb. Unten: Schon zu Boehringers Zeiten verwendete man den Unimog auch als Sattelschlepper-Zugmaschine. Der Auflieger ist ein 2000-Liter-Tanker für Jauche – mit Sitzplatz für einen Beifahrer.

Vielseitigkeit ist Trumpf

Die Verwendung des Unimog in der Landwirtschaft

Die Bandbreite der Möglichkeiten, den Unimog in der Landwirtschaft einzusetzen, ist seit jeher außerordentlich groß. Für den Landwirt war der Unimog einst konzipiert worden, und nach wie vor findet das Fahrzeug in der Agrarwirtschaft des In- und Auslandes auch besonders viel Anklang, wenngleich sich die Akzente im Laufe der Jahre auch deutlich in Richtung Kommunaleinsatz verschoben haben.

Nachfolgend eine Reihe von Anwendungsbeispielen, die längst nicht alles umfassen, wozu der Unimog wirklich taugt. Aber sie beschreiben Arbeiten, wie sie auf dem Lande zum jahreszeitlichen Pensum gehören.

Zunächst die Hauptmerkmale des Unimog, die seine vielseitige Verwendung möglich machen:

○ Gewichtsverteilung und zusätzliche Ladepritsche: Durch zusätzliches Beladen der Unimog-Pritsche erhöht sich wegen der höheren Achsbelastung nicht nur dessen Zugkraft, es ergibt sich auch bei einem Anhänger von 4 t Nutzlast eine Erhöhung der Transportleistung bis zu 25 Prozent.

○ Vierradantrieb, zwei Differentialsperren: Vierradantrieb und beide Sperren lassen sich während der Fahrt zuschalten und auch wieder auf normalen Hinterradantrieb zurückschalten. Im landwirtschaftlichen Einsatz bietet der Vierradantrieb folgende Vorteile:

Der Schlepper kann schmälere Reifen erhalten, das ist besonders vorteilhaft für Pflegearbeiten:

der Schlepper erhält eine ruhige Straßenlage mit verminderter Rutschgefahr selbst auf Kopfsteinpflaster bei Regen oder Glatteis;

unter schlechten Bodenverhältnissen erhält man bei gleichem Lenkeinschlag einen engeren Wendekreis, das angetriebene Rad führt sicherer als das nur geschobene. Dadurch ist schnelles Wenden und genaues Einfahren auch auf schmierigem Untergrund möglich.

Bei Pflegearbeiten am Hang auch auf schmierigem Untergrund eine bessere Spurhaltung; der Vierradantrieb ist nur dann wirksam, wenn etwa zwei Drittel des Gewichts des unbelasteten Schleppers auf der Vorderachse liegen – wie beim Unimog.

Der Schlupf als ärgster Feind einer gesunden Bodenstruktur wird durch Vierradantrieb erheblich verringert. Geringerer Schlupf ergibt auch eine verminderte Reifenabnutzung.

Außerdem genügt es auf schmierigem Boden bei Zuschaltung der Differentialsperren, daß auch nur ein einziges Rad greift, um den Unimog in Bewegung zu halten; das Überwinden von Hindernissen wird durch Vierradantrieb und Differentialsperren wesentlich einfacher.

○ Sichtverhältnisse:

Durch die Fahrerhausanordnung ist eine ungehinderte Sicht auf Front-Anbaugeräte möglich, während ein Entfernen der Bodenklappe an der Ladepritsche auch eine volle Sicht auf Heck-Anbaugeräte erlaubt. Wichtig vor allem bei Pflanz- und Pflügearbeiten.

○ Ladepritsche:

Ursprünglich als »Hilfsfläche« nur zur zusätzlichen Belastung des Unimog gedacht, bietet sie eine Tonne Tragfähigkeit und ersetzt damit einen zusätzlichen Einachsanhänger, dessen Anschaffungspreis bei einem herkömmlichen Schlepper zuzurechnen ist.

Dank dieser Pritsche bietet der Unimog wesentlich mehr Transportmöglichkeiten als andere Schlepper, die hierfür jedesmal Ein- oder Zweiachsanhänger mitführen müssen.

○ Die Pritsche bietet noch weitere Möglichkeiten, zum Beispiel als Geräteversorger für Streu-, Pflanz- und Legearbeiten, denn erst durch die Größe der mitgeführten Menge werden die Streu-, Lege- oder Pflanzmaschinen wirtschaftlich. Die Nachfüllzeiten werden herabgesetzt. Als Aufbaufläche für Geräte wie Spritzvorrichtungen oder Aufbau-Mähdrescher ist sie ebenfalls geeignet.

Durch eine besondere Druckluft-Kippvorrichtung dieser Ladefläche (später durch eine hydraulische Vorrichtung ersetzt) sind wirtschaftliche Vollernteverfahren z. B. in der Hackfruchternte erst möglich geworden. Die Pritsche ist dabei Träger des Erntegutes.

○ Federung und Stoßdämpfer:
Schraubenfedern und hydraulische Dämpfer sorgen für einen ähnlich hohen Federungskomfort wie in einem Pkw, und damit für einen relativ »gesunden« Arbeitsplatz, der dem Landwirt ebenso gebührt wie einem Industriearbeiter. Auch bei höherer Geschwindigkeit werden Erschütterungen und Schwingungen im Unimog so aufgefangen, daß eine bequeme und erschütterungsfreie Fahrweise ohne Gefahr von Gesundheitsschäden möglich ist.

○ Fahrerhaus und Fahrbequemlichkeit:
Auch hierbei wurde erstmals in der Geschichte der Entwicklung landwirtschaftlicher Schlepper von den Konstrukteuren Rücksicht auf die gesundheitlichen Belange der Fahrer genommen. Neben der schon erwähnten Federung ist dies vor allem das vollkommen abgedichtete Fahrerhaus, das bisher für die Landwirtschaft unerreichbar scheinende Arbeitsbedingungen schaffte. Schon mancher Unimog wurde nur aus diesem Grund angeschafft.

Das Allwetter-Klappverdeck mit seitlichen Steckscheiben für die Türen bot sicheren Schutz vor der Unbill des Wetters, die Heizung mit Gebläseunterstützung sorgt auch bei naßkaltem Wetter für angenehme und gesunde Temperaturen im Fahrerhaus.

○ Räder und Reifen:
Der Unimog rollt auf vier gleichgroßen Reifen. Dieses ermöglicht die bei herkömmlichen Traktoren nicht übliche Mitführung eines Reserverades, das nicht nur für den Unimog, sondern auch für den Anhänger verwendet werden kann. Auch dies ist ein Beispiel überlegter Rationalisierung.

○ Geschwindigkeit:
Dank zweier sogenannter Kriech- oder Schneckengänge ist z. B. für Pflanzarbeiten mit dem Unimog eine Minimalgeschwindigkeit von 250 Meter/Std. möglich, aus welcher durch Hinaufschalten sich in kürzester Zeit eine Geschwindigkeit von 50 km/Std. oder mehr erreichen läßt. Dadurch lassen sich nicht nur viele Arbeiten im land- und forstwirtschaftlichen Alltag schneller erledigen, es kommt auch zu einer erstrebenswerten Zeiteinsparung.

In Anbetracht der Tatsache, daß – durchschnittliche Entfernungen der Nutzungsfläche vorausgesetzt – rund fünfzig Prozent der Arbeitszeit in der Land- und Forstwirtschaft für Transporte aufgewendet werden müssen, läßt sich durch Einsatz des Unimog hier eine gewaltige Rationalisierung erreichen und bis zu 16 Prozent an Personal einsparen.

○ Bodenfreiheit:
Trotz kleiner Räder und niedriger Schwerpunktlage verfügt der Unimog dank Portalachsen mit Laufradvorgelegen über eine hohe Bodenfreiheit von 45 cm unter den Achsen bzw. 38 cm unter dem Differential.

Diese große Bodenfreiheit bewährt sich u. a. bei Pflegearbeiten auf schlechten Wegen, sowie bei Waldarbeiten. (Baumstümpfe!)

○ Kippsicherheit:
Im sogenannten Marburg-Test wurde für den Unimog ein seitlicher Kippwinkel von 40 Grad (= 84 Prozent) ermittelt. In der Praxis kann man sagen, daß Hangneigungen bis 40 Grad, die sehr selten vorkommen und bereits als extrem steil empfunden werden, noch sicher bearbeitet bzw. befahren werden können.

○ Druckluftanlage:
Die Druckluftanlage beim Unimog kann sehr vielseitige Verwendung finden. Sie erweist sich als grundsätzlich unempfindlich und hat sich seit Jahren auch in anderen Fahrzeugtypen bestens bewährt.

○ Anwendungsgebiete:
Das Bremsen von Anhängern. Im Hinblick auf die Entwicklung der Verkehrsvorschriften wurde auch für landwirtschaftliche Anhänger die Lieferung einer billigen Druckluftbremsanlage notwendig, es wurden immer mehr druckluftgebremste Anhänger geliefert. Der Unimog selbst kann dabei wohlgemerkt nicht mit dieser Druckluftbremse abgebremst werden.

Zum Betreiben von Anbaugeräten. Die Verwendung druckluftbetätigter Kraftheber und anderer Aggegate über die Druckluftbremsanlage erweist sich als große Vereinfachung gegenüber den bisher bei anderen Schleppern benutzten zusätzlichen hydraulischen Systemen.

Diese Kombination in einem Druckluftsystem bedeutet gegenüber dem Nebeneinander von Druckluftbremsanlage und Hydraulik für Geräteaushebung eine hohe Kostenersparnis.

Darüber hinaus läßt sich das Druckluftsystem auch zum Füllen der Reifen verwenden, z. B. nach Ackerarbeiten mit vermindertem Reifendruck, zu Betätigung der Kipp-Pritsche und so fort.

Als besonders vorteilhaft erweist sich diese pneumatische Kraftaushebung beim Unimog, weil sie eine Anordnung der Bedienungshebel für getrennte oder gleichzeitige Aushebung und Senkung in unmittelbarer Lenkradnähe am Schaltbrett ermöglicht.

Untersuchungen auf dem Schlepperprüffeld ergaben bei Verwendung von Anbaupflügen für den Unimog gegenüber herkömmlichen Schleppern um bis zu einem Drittel kürzere Wendezeiten.

Durch einen zusätzlichen Hubzylinder läßt sich auf Wunsch anstelle der üblichen Hilfsladefläche eine Zweiseiten-Kipp-Pritsche verwenden, die aus einem Stahlblechboden mit Vorderwand bei Verwendung der übrigen Seitenwände der normalen Unimog-Pritsche besteht. Hierdurch erhöht sich die Wirtschaftlichkeit der Druckluftanlage noch weiter, und die vielseitige Verwendbarkeit der Ladefläche erfährt eine deutliche Erweiterung.

Erst durch Verwendung dieser Kipp-Pritsche ist eine Vollernte von Hackfrüchten in betriebswirtschaftlich richtiger Form möglich. Bisher war eine solche Vollernte nur dann möglich, wenn ein zweiter Schlepper neben der Erntemaschine herfuhr, was bei schwierigen Böden und Hanglagen oft nicht durchführbar ist. Als vorteilhaft erweist sich die Verwendung dieser Kipp-Pritsche außerdem zum Transportieren von Schüttgütern sowie im Weinbau, wo abgespülte Erde, Dung und Kompost in die Weinberge gefahren werden müssen.

Schließlich bietet diese Druckluftanlage auch noch die Möglichkeit, damit kippbare Anhänger zu betreiben.

○ Einmann-Bedienung von Geräten:

Auf Feldern unter 6 Prozent seitlicher Hanglage erlaubt die besondere Bauweise des Unimog das Betreiben geschobener Vielfachgeräte zur Hackfruchtpflege, wobei die Steuerung des Geräts durch den Steuerausschlag des Unimog selbst erfolgt.

○ Sonderabtriebe:

Neben einer vorderen und hinteren Zapfwelle zur Kraftabgabe an Zusatz- und Stationärgeräte ist der Unimog mit einer seitlichen Riemenscheibe ausgerüstet. Vordere und hintere Zapfwelle sind gekoppelt und haben bei einer genormten Umdrehungszahl von 540/min eine Leistungsabgabe von 22 PS, während die rechts seitliche Riemenscheibe bei 1000/min gleichfalls 22 PS abgibt. Dies genügt für eine Dreschleistung von 11 Doppelzentnern pro Stunde.

○ Nutzung des Unimog auch in der Forstwirtschaft. Da die beschriebenen Bauelemente wie Vierradantrieb und große Bodenfreiheit usw. dort gleichfalls voll zur Geltung kommen, läßt sich der Unimog auch forstwirtschaftlich mit großem Erfolg einsetzen.

Seit Jahren kann zu diesem Zweck der Unimog mit einer speziellen Forstseilwinde mit automatischer Spulvorrichtung und Standketten ausgerüstet werden.

Die Leistung des Unimog in Verbindung mit der Seilwinde genügt nicht nur allen Ansprüchen im gemischten Betrieb, sondern wird auch den sehr hohen Anforderungen in der reinen Forst- und Holzwirtschaft gerecht.

Für die Landwirtschaft von größter Bedeutung sind jedoch die Einsparungen an Zeit und Personal. So erlaubt ein ausgeklügeltes System ungewöhnlich kurze »Rüstzeiten« zum Anbau und Wechsel von Geräten, – außerdem bietet der Unimog die Möglichkeit der »Verschachtelung« von Arbeitsgängen. Ferner läßt sich mit dem Unimog z. B. das lästige und unwirtschaftliche Grünfutterholen fürs Stallvieh nebenher »am Weg« erledigen, indem mittags und abends bei der Rückkehr von der Ackerarbeit Futter gemäht, und auf der Pritsche des Unimog auch gleich heimtransportiert wird.

Auch das Ausbringen von Flüssigdünger und Pflanzenschutzmitteln erfährt durch den Unimog eine wesentliche Vereinfachung:

Weitere Beispiele: Beim Rübenhacken werden bei einer Gespann-Hackmaschine drei Arbeitskräfte und zwei Zugtiere zum Bearbeiten derselben Flächeneinheit benötigt, für die bei Verwendung eines Normalschleppers von 25 PS mit Anbau-Hackmaschine zwei Personen erforderlich sind. Ein Unimog mit Front-Vielzweckgerät benötigt für dieselbe Flächeneinheit hingegen nur eine einzige Person. Legt man nun die Gesamt-Tagesleistung zugrunde, so liegen die Bearbeitungskosten je Hektar Rübenfläche auch unter Voraussetzung eines höheren Stundenlohns für den Unimog-Fahrer um 30 Prozent niedriger als bei Verwendung eines herkömmlichen Schleppers.

○ Aufbau des Spritzgerätes samt Vorratsbehälter auf der eigenen Ladefläche, dadurch Einsparung eines besonderen Fahrgestells.

○ Schnelle An- und Abfahrt, schnelle Betriebsbereitschaft.

○ Nachschub von Wasser wird durch den Unimog selbst vorgenommen.

○ Auch schwieriges Gelände kann erreicht werden. Durch Vierradantrieb ist auch die Spurhaltung in den Reihen gesichert.

○ Die Pflanzenreihen werden durch hohe Bodenfreiheit und schmale Reifen nicht beschädigt.

Zwischenfrucht-Kombination: Bei Verwendung des Unimog mit Mähdrescher kommt es darauf an, die Zwischenfrucht noch schneller als sonst in den Boden zu bringen, da das Getreide ja noch einige Tage auf dem Halm stehenbleiben muß. Zu diesem Zweck wurde vorn am Unimog ein geschobener Schälpflug mit 1 m Arbeitsbreite angebaut. Hinten folgt eine 1 m breite Drillmaschine, vor und nach welcher wiederum je eine Krümelwalze laufen, so daß das Saatbeet in einem einzigen Arbeitsgang hergestellt werden kann.

Rübenvollernte: Mit einem zapfwellengetriebenen Anhängegerät werden die Rüben gleichzeitig geköpft und ausgehoben, so daß aus der Gare gerodet werden kann. Die Rüben werden dabei auf die Kipp-Pritsche des Unimog gefördert, welche durch ihren besonderen Hubzylinder nach zwei Seiten gekippt werden kann.

Ähnlich arbeitet auch ein *Kartoffel*-Vollerntegerät, das sich freilich nur auf leichten, siebfähigen Böden einsetzen läßt. Die Tagesleistung liegt bei diesen Geräten bei ca. 0,8 Hektar.

Landwirtschaftliche Geräte zum Unimog und deren Anwendungsbereiche.

Pflügen

Anhängepflüge: Hierfür eignen sich von herkömmlichen Schleppern gezogenen Geräte, die sich problemlos auch an den Unimog anhängen lassen.
Anbaupflüge: Beetpflüge, Drehpflüge, Wechselpflüge, Rationelleres Arbeiten, gleicher Anbaubock für Pflug, Grubber, Egge. Schnelle Fahrt zum Arbeitsort mit gehobenem Anbaugerät; in den meisten Fällen ist die gleichzeitige Koppelung z. B. einer Notzon-Egge am Schwenkarm möglich.

Saatbettbereitung

Grubber oder Kultivator: Verwendung der üblichen Anbau- oder Anhängegeräte. In vielen Fällen Ersatz durch Schottlöffelegge möglich.
Eggen oder Scheibeneggen: Übliche Anbaugeräte in den einzelnen Bodenbearbeitungsreihen, Scheibeneggen nur als Anhängegeräte.
Fräsen: Verwendung für den Unimog möglich.
Allgemein: Spurlockerer in Betracht ziehen, soweit nicht an Bodenbarbeitungsgeräten vorhanden, z. B. bei Eggen.
Zur Verfügung stehen je zwei Anbau-Grubber und zwei Anbau-Eggen von verschiedenen Herstellern.

Schädlingsbekämpfung

Eine typische Unimog-Stärke durch die Möglichkeit der Verwendung von Aufbaugeräten, durch seine Transportgeschwindigkeit und seine Geländegängigkeit. Diverse Hersteller bieten Aufbau-Pflanzenschutzspritzen an, desgleichen Stäubegeräte.

Heu- und Grünfutterernte

Seitenmähbalken mit Handaushebung und Kraftaushebung.
Gängigste Heubearbeitungsgeräte sind in speziellen Gerätelisten verzeichnet.
Frontladegeräte kommen für den Unimog nicht in Frage, doch ist die Rübenvollernte ein Beispiel dafür, wie Ladevorgänge im Sinne des Unimog gelöst werden können. Ein weiterer Vorteil wäre der Transport angehobener Heureuter durch den verlängerten Krafthebearm, ebenso der Transport des täglichen Grünfutterbedarfs kleiner und mittlerer Betriebe auf der Unimog-Pritsche.

Pick-up-Pressen

Man kann die üblichen Geräte für Schlepper verwenden. Drei Hersteller bieten Mehrzweckgeräte zur Heuwerbung an, je einer einen Aufbau-Feldhäcksler und einen Reuterheber.

Getreideernte

Möglichkeiten: Mähwerk mit Handablage, Zapfwellenbinder und angehängter Mähdrescher.

Düngen

Hier ist der Vorteil der Unimog-Ladepritsche sowohl beim Anbau- als auch beim Anhänge-Düngestreuer gegeben.
Es geht hierbei um die Verteilung von trockenem Mineraldünger, Kalk oder Stalldung, wobei Mineraldünger und Kalk mit denselben Geräten ausgebracht werden können. Hierfür stehen diverse Geräte zur Auswahl.
Zum Ausstreuen von Stalldünger bzw. zur Flüssigdüngung bieten zwei weitere Hersteller jeweils ein Streugerät und eine Güllepumpe an.

Drillen und Pflanzen

Neben der gezogenen Drillmaschine – angehängt ohne Vorderwagen – kommen auch Anbaumaschinen ebenso in Betracht, wie eine geschobene Sävorrichtung in Verbindung mit dem Frontvielfachgerät. Entsprechende Anhängegeräte werden von zwei Herstellern angeboten, hingegen gibt es nur ein einziges Anbaugerät.
An Pflanzmaschinen bieten zwei Hersteller vollautomatisch arbeitende Kartoffellegegeräte an, während ein dritter ein manuell auch zum Pflanzensetzen verwendbares Gerät anbietet.
Typisch für den Unimog das geschobene Hack- und Vielzweckgerät, das sich freilich nur an Hanglagen bis zu 6 Prozent Neigung empfiehlt. Erhebliche Arbeitsvereinfachung möglich durch z. B. gleichzeitiges Häufeln von Kartoffeln und Ausstreuen von Dünger.
Angeboten werden zweierlei Erntemaschinen; im einen Fall empfiehlt das Werk die Verwendung herkömmlicher Anhängegeräte. Zwei Hersteller liefern Mähdrescher für den Unimog.

Zwischenfruchtanbau

Mit zunehmender Verbreitung des Mähdreschers war es notwendig, für den Zwischenfruchtanbau arbeitssparende Verfahren zu finden. Da bei Verwendung des Mähdreschers das Getreide acht bis zehn Tage länger auf dem Halm steht, geht diese Zeit praktisch für das rechtzeitige Einbringen der Zwischenfrucht verloren. Hier verweist das Werk auf eine Gerätekombination der Firma Lemken, die einen vorne angebauten Schälpflug sowie eine hinten angebaute Drillmaschine und Krümelwalzen in gleicher Arbeitsbreite anbietet. Sie ermöglichen ein schnelles und rationelles Einbringen der Zwischenfrucht.

Kartoffelernte

Für leichte, siebfähige Böden ist mit dem Unimog die Verwendung des Kartoffelvollernteverfahrens (Holsten Lührs) möglich, in Verbindung mit der Kipp-Pritsche.

Für die vorhandenen üblichen Kartoffelrodemaschinen gelten dieselben Probleme wie beim herkömmlichen Schlepper. Günstig ist der Anbau von Krautschlägern vorn am Unimog (vordere Zapfwelle) bei krautigen Kartoffelsorten.

Zuckerrübenerntemaschinen
Durch die Bauweise des Unimog (Kipp-Pritsche) ist eine günstige Voraussetzung zur Anwendung von Vollernteverfahren gegeben.

Obst- und Weinbau
Für beide Zweige ist der Unimog ein wirtschaftliches Universalgerät. Empfohlen werden Weinbergwinde, Plantagenpflüge und andere Bodenbearbeitungsgeräte; zur Schädlingsbekämpfung gibt es Zusatzvorrichtungen an den üblichen Unimog-Aufbauspritzen.

Bewässerung, Meliorationen
Montierbare Geräte: seilwindegezogener Maulwurf-Drainagepflug, Beregnungspumpen; der Unimog eignet sich ferner als Transportgerät zur Rohrverlegung u. dgl., Verwendung des Preßluft-Anbaugeräts zum Bohren von Erdlöchern (Front-Erdbohrer ∅ bis 15 cm, Tiefe 100 cm; Erdbohrer hinten, ∅ 30 cm, Tiefe 75 cm).

Weidemelkanlage
Anbau-Melkanlage als Ergänzungsgerät für Betriebe, die für die Zeit des Melkens den Unimog von anderen Betriebsarten lösen können. Speziell bei unwegsamen Geländeverhältnissen (norddeutsches Marschland, Alpen- und Voralpenland) bieten sich gewisse Vorteile einer solchen mobilen Melkmaschine, die außerdem stationär im Stall Verwendung finden kann.

Oben: Ein Bundeswehr-Unimog als Helfer in der Erntezeit. Friedlichere Einsätze eines Militärfahrzeugs sind kaum denkbar…

Unten: Die Agrarwirtschaft kennt den Unimog als vielseitiges Arbeitsgerät. Hier schleppt er parallel zum Mähdrescher einen Getreidehänger.

Taufrisch nach vier Jahrzehnten

Der Unimog als Longtimer in internationaler Gesellschaft – und als Oldtimer

Der Unimog gehört zu den »Longtimern« der Kraftfahrzeuggeschichte. Er ist in dieser Beziehung gleichzusetzen mit dem Volkswagen Käfer, dem amerikanischen Jeep, dem tschechischen Heckmotor-Tatra, dem britischen Land-Rover, dem französischen 2 CV und auch dem japanischen Toyota Land Cruiser. Aber im Vergleich zu all jenen hat der Unimog alle Chancen, auf den ersten Platz vorzurücken, denn viele der anderen »Dauerbrenner« haben inzwischen soviele Modifikationen erfahren, daß sie sich von ihren Ur-Modellen mehr oder weniger weit entfernten, während der Unimog sich zumindest in der Basis treu blieb. Seine Grundmerkmale sind

- charakteristischer, verschweißter Fahrgestellrahmen aus Profilblechträgern;
- Achskörper aus verschweißten Blechkonstruktionen;
- Abfederung mittels Schraubenfedern und Teleskopstoßdämpfern;
- Führung der Achsen mittels Längsschubrohren;
- Führung der beiden Kardanwellen (zu vorderem und hinterem Achsdifferential) innerhalb der Schubrohre;
- drei Kraftentnahmemöglichkeiten für stationäre Geräte über je eine Zapfwelle hinten und vorne sowie über eine Riemenscheibe, betreibbar mit zwei Geschwindigkeitsübersetzungen;
- Spezialgetriebe mit weitgespanntem Fahrgeschwindigkeitsbereich von 150 m/h Gelände-Kriechgang bis nahe 100 km/h in der höchsten Gangstufe;
- Fahrerhaus in »Kurzhauber-Bauweise« mit zwischen Stirnwand und Vordersitzvorderkante befindlicher Motorkammer.

– und noch immer dient als Antriebsquelle des Unimog ein Dieselmotor von Daimler-Benz. Die Fahrzeuge sind größer und stärker geworden, gewiß; man hat sie den Erfordernissen der Zeit angepaßt. Aber das einst von Albert Friedrich erdachte und von Heinrich Rößler ausgearbeitete Konstruktionsprinzip wurde beibehalten, und es hat alle Aussichten, eine geraume Weile fortzuleben.

Eins allerdings ist allen diesen »Longtimern« gemein: Gleich, ob luftgekühlter Heckmotor und Stromlinienkarosse, Plattformrahmen mit Zentralrohrträger, Pendel-Hinterachse wie bei VW und Tatra, ob relativ großvolumiger Vierzylinder-Benziner in konventioneller Anordnung über der Vorderachse auf einfachem Kastenträgerchassis mit blattgefederten Starrachsen hinten und vorn, (US-Jeep, Land-Rover und Land-Cruiser) oder neuartiges Universal-Motorgerät mit Zapfwellen und Anbaugeräten, Hilfsladepritsche und Kurzhauber-Bauart auf Blechrahmenchassis mit schraubengefederten Achsen und Reduziergetriebe – jede dieser Konstruktionen war zum Zeitpunkt ihrer Entstehung bahnbrechend und deshalb nie ganz unumstritten. Jedes dieser Fahrzeuge kann als »Jahrhundertkonstruktion« gelten, von Anfang an seiner Zeit in vielem schon soweit voraus, daß es im Rahmen der Modellpflege und Weiterentwicklung keiner grundlegenden Modifikation mehr bedurfte. Zur Zeit der Präsentation so revolutionierend, daß man sich in den darauffolgenden Jahrzehnten der Weiterentwicklung auf »evolutionäre« Maßnahmen zur Aktualisierung und Modellpflege konzentrieren konnte.

Die großen Männer aus der ersten Stunde des Unimog sind nicht mehr, haben dies nicht mehr alles miterleben dürfen. Doch verdienen sie das Kompliment, mit dem Unimog ein Fahrzeug geschaffen zu haben, das neue Maßstäbe setzte.

Die Absatz-Statistiken der achtziger Jahre sagen aus, daß mehr als die Hälfte aller Unimog-Arbeitsmaschinen heute für die Erledigung von Aufgaben im öffentlichen Dienst eingesetzt werden – im Inland wie im Ausland. 25 Prozent der Neuzulassungen in der

Bundesrepublik Deutschland entfallen auf die Bau- und Energiewirtschaft. Schwerpunkt des Unimog-Einsatzes sind hier Bagger- und Kranarbeiten, bei denen Mobilität und schnelle Versetzbarkeit von einer Baustelle zur anderen auf eigener Achse Zeitgewinne bringen. Wofür man einst Tage benötigte, das schafft der Unimog in wenigen Stunden. Das restliche Viertel geht vornehmlich in die klassische Land- und Forstwirtschaft, aber auch in die Fuhrparks von Industrie und Transportgewerbe. Den Anforderungen der einzelnen Branchen trägt das Unimog-Programm der achtziger Jahre mit drei Baureihen Rechnung, wobei die Unimog der schweren Baureihe zum Jahresbeginn 1988 neue Motoren bekamen, die rund zehn Prozent weniger Kraftstoff verbrauchen, sich zugleich durch geringere Geräusch- und Abgasemissionen auszeichnen.

Rund ein Drittel der Produktion aller Unimog-Fahrzeuge machten 1987/1988 die seit einiger Zeit wieder forcierten leichten (U 600) sowie mittleren Baureihen (U 900) aus. Man setzt sie bevorzugt dort ein, wo rund ums Jahr leistungsfähige Allroundgeräte gefragt sind – kleine und wendige Vehikel mit einem ausgewogenen Verhältnis von beanspruchtem Verkehrsraum, Spurweite und Standfestigkeit, Voraussetzungen für die maschinelle Durchführung vieler Arbeiten »vor Ort«.

Unter Fahrzeugen der »schweren« Baureihe versteht man die Modelle U 1000 bis U 1750. Die leistungsstarken Dieselaggregate haben 5,9 Liter Hubraum; die Leistungen rangieren von 102 bis 170 PS. Man bietet diverse Radstände an, hochgeländegängige Fahrwerke und Triebköpfe für die Montage unterschiedlichster Ansätze und Sonderaufbauten für tausendundeinen Zweck.

Als Daimler-Benz 1951 die Produktion von Boehringer übernahm, gab es für den Unimog etwa 70 Geräte-Sonderausführungen. Bis 1976 wurden nicht weniger als 1356 Geräte geprüft und freigegeben, 1988 waren es noch immer mehr als 500. So mancher ältere Unimog, der heute im Einsatz ist und seinen Dienst nicht etwa aus nostalgischen Überlegungen, sondern als Arbeitsmaschine tut, gehört zum festen Inventar ländlicher Betriebe. Und danach noch wirft man sie nicht dem Shredder vor – frühe Exemplare sind von Liebhabern gesucht, die sie als Oldtimer weiterhegen und -pflegen.

Mit ausgefahrenen Hydraulik-Stützen steht der Unimog als stationäres Gerät für Erdarbeiten auf dem Boden. Die Bedienung erfolgt von einer aufgesetzten Kanzel aus.

Links: Rohrverlegung an einer Straßenbaustelle 1980. Als Mobilkran kennt der Unimog kein »Unmöglich«.

Unten links: Ein Unimog 416 mit Hubwagen. Auch die Bundespost hat viele solcher Container-Beförderer in ihren Diensten. Rechts daneben: Ein Unimog U 1700 von 1987 im Dienst der Straßenreinigung.

Rechts: Einsatz bei der Bundesbahn mit Spezialaufbau für Meßgeräte.

Unten: Ein Unimog 1200 bei der Aufbereitung von Dung. Rechts daneben: U 1000 von 1985 mit Tieflader.

Erprobung im Test

Erfahrungen auf der Straße und im Gelände, gestern und heute

Im Oktober des Jahres 1948 erschien die erste Veröffentlichung in Sachen Unimog. Die Zeitschrift *Das Auto* brachte eine Beschreibung des »neuen deutschen Universal-Motorgerätes« und begann mit den Sätzen: »Die Bedeutung einer durchgreifenden Motorisierung der Landwirtschaft für eine gesunde Ernährungspolitik der einzelnen Länder ist längst erkannt worden... Die Nachkriegstypen des deutschen Schlepperbaus bewegen sich mehr oder weniger innerhalb traditioneller Grenzen; fortschrittlicher erscheint in dieser Beziehung die Entwicklung des motorisierten Kleingerätes...« und man erwähnt den Jeep und den – damals noch ganz jungen – Land-Rover. Die erste DLG-Nachkriegs-Schau in Frankfurt am Main hatte den Unimog zum Mittelpunkt, und *Das Auto* bescheinigte ihm auf Anhieb, dies sei ein »erheblicher Schritt vorwärts«; das Fahrzeug erfülle einen wesentlichen Teil jener Forderungen, die man schon seit Jahren – bisher vergeblich – gestellt habe.

Etwas geheimnisvoll gab sich der Autor, der sicher wußte, was es mit dem Antriebsaggregat auf sich hatte. Wohl wurde von einem Dieselmotor gesprochen, der Hersteller jedoch nicht genannt: »Wir halten unsere Leser für schlau genug, das zu erraten, was wir verschweigen wollen« – und es bliebe nur zu wünschen, daß das Herstellerwerk (gemeint war Boehringer) imstande sei, jene Produktionszahlen zu erreichen, die zur Motorisierung der Landwirtschaft nötig seien.

Die Fachpresse berichtete später regelmäßig über den Unimog und seine vielseitigen Einsatzmöglichkeiten, durchaus nicht nur auf dem Lande. Ich hatte Gelegenheit, Testfahrten am Steuer verschiedener Unimog-Modelle zu absolvieren, so etwa mit einem Veteranen Baujahr 1950.

Davor hatte ich die Chance, eine »typische deutsche Landmaschine« probezufahren, nämlich einen alten Lanz Bulldog, stellvertretend für alle Ackerschlepper traditioneller Bauart, wie man sie seit den zwanziger Jahren bei uns kennt (wobei anzumerken wäre, daß sowohl die Hersteller Daimler als auch Benz einst Schlepper herstellten, später die Firma Daimler-Benz AG).

Herkömmliche Schlepper gab und gibt es in Dutzenden von Fabrikaten. Mein Testobjekt aus dem Hause Heinrich Lanz in Mannheim – später Lanz-Deere – ist indessen eine Art Klassiker unter den Traktoren. Ich weiß, daß ein unmittelbarer Vergleich zum Unimog dem berühmten Gleichnis von Äpfeln und Birnen gleichkommt – dennoch ist es aufschlußreich, die Erfahrungen auf beiden Fahrzeugen gegenüberzustellen.

Der liegende, großvolumige Einzylinder-Zweitaktmotor mit Glühkopfzündung und parallel zur Hinterachse laufender Kurbelwelle, zusammen mit der Achse als tragendes Element ausgebildet und mit einem Verdampfungskühler versehen, versprach nicht nur hohe Zugkraft bei niedrigen Drehzahlen, sondern stellte geringste Ansprüche an die Qualität der verwendeten Kraftstoffe. Tatsächlich verlangte der Lanz weder nach Benzin noch nach damals keineswegs an jeder Tankstelle geführtem Dieselkraftstoff, er benötigte lediglich einfaches, unveredeltes Rohöl. Zur Not ließ er sich sogar mit solchen Abfallprodukten wie Altöl (aus Automobilmotoren beim Ölwechsel abgelassen), Rüböl und (in den Kokereien bei der Gasgewinnung in großer Menge anfallendem) Teeröl betreiben, ein zu Zeiten hoher Mineralölpreise und knapper Treibstoffreserven wichtiges Kaufargument.

Da es in den zwanziger und dreißiger Jahren erst wenige Spezialwerkstätten zur Wartung und Reparatur solcher Land- und Zugmaschinen gab (aber noch jede Menge Dorfschmiedewerkstätten), erwies es sich als entscheidender Vorteil, wenn eine solche Maschine dank besonders einfacher und gro-

ber Ausführung vom Dorfschmied ohne größere Probleme gewartet und repariert werden konnte. Schließlich sollte ja so ein Traktor möglichst ständig betriebsbereit sein.
Der Lanz wurde ständig verbessert und weiterentwickelt. 1927 erhielt die größere Version ein mehrstufiges Schaltgetriebe und an der einen Schwungscheibe einen zum Antreiben von stationären Maschinen verwendbaren Außenkranz sowie erstmals ein Allwetter-Klappverdeck; 1930 erschien ein Lanz mit geschlossenem Kühlsystem und von der Schwungscheibe angetriebenem Ventilator. Und 1934 wurde jene Baureihe vorgestellt, die nach dem Kriege – hierzulande bis 1953, im Ausland sogar noch länger – produziert wurde, wobei die Nachkriegstypen sich bis auf das von der Berufsgenossenschaft 1949 (?) aus Gründen des Unfallschutzes vorgeschriebene, fest mit dem rechten Schwungrad verschraubte Handrad zum Anwerfen des Motors kaum von den letzten Vorkriegsmodellen unterschieden. Vorher mußte zum Anwerfen das Lenkrad mit einem Teil der Lenksäule abgenommen und auf die Nabe der Schwungscheibe gesteckt werden. Auf diese Weise soll es bei plötzlich anspringender Maschine verschiedentlich zu Unfällen durch das davonfliegende Lenkrad gekommen sein…
Der Bulldog verfügte ab Einführung dieser Typreihe über eine komplette elektrische Anlage, mit Lichtmaschine und Batterie und einer Glühkerze im Kopf, um das zeitraubende Hantieren mit der Lötlampe zu erübrigen. Die letzten Vorkriegsmodelle erhielten gegen Aufpreis einen elektrischen Anlasser.
Das Schaltgetriebe war nicht synchronisiert und besaß geradeverzahnte Stirnräder, die bereits bei bescheidener Geschwindigkeit von nur 15 km/h ihr Werk laut hörbar verrichteten. Trotzdem hatte es den Vorzug, gleichfalls »dorfschmiedegerecht« aufgebaut zu sein wie der ganze Bulldog.
Einfachste Ausführung war der auf Beleuchtung und jede Art von Federung verzichtende – »Ackerbulldog«, während beim »Allzweckbulldog« sowohl die zum Betreiben auf der Straße vorgeschriebene Beleuchtung installiert war, als auch eine Federung der Vorderräder. Die Hinterachse blieb freilich bei allen Lanz ungefedert; man überließ diese Aufgabe den 1930 eingeführten, großvolumigen Luftreifen und der Aufhängung des Fahrersitzes mit seiner typischen, bürostuhlähnlichen Rückenlehne an einem federnden, langen Ausleger.
Auf diesen beiden von der Landwirtschaft bevorzugten Versionen gab es keine Sitzplätze zur Mitnahme weiterer Personen und nur einige wenige Spezialausführungen besaßen richtige Kotflügel über den Hinterrädern, auf denen sich die üblichen »Gesindesitze« montieren ließen.
Ideal war der Lanz also keineswegs, jedenfalls schon seit Kriegsende nicht mehr, als neue Maßstäbe galten. Aber nach wie vor überzeugte er durch seine Anspruchslosigkeit und Zuverlässigkeit sowie durch die Möglichkeit, ihn notfalls mit billigsten Abfallprodukten betreiben zu können. Und das zählte sehr in der Not der ersten Nachkriegsjahre. Denn erst ab 1953 ging es wirtschaftlich wieder aufwärts – und just in jenem Jahr sollte die Produktion des klassischen Lanz eingestellt werden und die Ära der Halb- und Volldiesel beginnen.
Der Oldtimer namens Bulldog, den probezufahren ich das Vergnügen hatte, verlangte das ganze Zeremoniell des Anlassens wie ehedem. Bauernalltag! Man muß die Benzinlötlampe hervorholen, sie anzünden und unter den Glühkopf des Zylinders hängen. Anschließend wird mittels Zusatzpumpe Öl zu den Hauptschmierstellen im Triebwerk befördert. Gut zehn Minuten dauert es, bis man durch die Schaulöcher im Glühkopf zu erkennen vermag, ob die kirschrote Farbe Startbereitschaft signalisiert. Man gibt durch eine kleine Pumpe etwas Kraftstoff in den Zylinder, danach wird der Handgashebel auf Leerlaufdrehzahl gestellt, man greift in das Handrad an der Schwungscheibe, rasches Hin- und Herdrehen soll zündfähiges Gemisch in den Zylinder bringen. Jetzt ein paar energische Hübe gegen die Kompression – und der Motor läuft mit eindrucksvoller Nostalgie-Akustik.
Nun kann man die Lötlampe abnehmen und löschen, das Handgas etwas zurücknehmen und am Volant Platz nehmen. Der Boden zittert und bebt unter den gewaltigen Schlägen aus dem nach oben führenden Auspuffrohr. Der Mitfahrer ist auf einen Stehplatz auf der Geräteschiene angewiesen – eine gefährliche Position.
Das Schalten der Gänge ist alles andere als ein Vergnügen. Dosiertes Zwischengasgeben beim Zurückschalten ist so gut wie nicht möglich, es geht kaum ohne geräuschvolles »Zähneputzen« ab. Sofern sich der gewünschte Gang überhaupt einlegen läßt, denn zuweilen sperrt er und dann verteilt der lange Schalthebel heftige Schläge.
Nur gut, daß der gewaltige Motor über so viel Drehmoment verfügt, daß man fast alles im großen Gang bewältigen kann, auch das Anfahren. Die alten »Lanz-Knechte« hatten eine Menge Tricks auf Lager, um mit dem Ungetüm virtuos umgehen zu können. Zum Beispiel das Rückwärtsfahren durch »Umkippen« der Kurbelwellen-Drehrichtung. Von einem »Fahren« konnte nicht die Rede sein. Man mußte hart arbeiten, ja kämpfen. Trotz der maximal 20 km/h, die der Bulldog macht, kommt man ins Schwitzen. Ich fand letztlich durchaus Gefallen an der Tortur, doch welch ein Unterschied, als ich anschließend den Fahrersitz des Unimog erklomm…
Die Probefahrten fanden unmittelbar hintereinander statt. Als ich den Unimog – ein Modell aus dem Jahre 1960 – enterte, stellte ich

Links: Fahrerhaus des 30-PS-Modells 411 von 1957. Sachliche Funktionalität bestimmte das Design – ein guter Arbeitsplatz.

Rechts: Treppensteigen gehört nicht zu den normalen Aufgaben eines Automobils. Aber im Testgelände für den Unimog werden auch solche Versuche absolviert...

Rechts: Das neue Fahrerhaus in geschlossener Bauweise wurde beim Unimog mit Vorstellung des 30-PS-Modells eingeführt. Es erhöhte die Wintertauglichkeit des Fahrzeugs.

fest, daß sich dies trotz der hohen Position des Fahrerhauses müheloser vollziehen ließ als bei manchem modernen Kleintransporter. Zudem sitzt man recht bequem; Schalter und Instrumente sind genauso angeordnet wie in einem herkömmlichen Auto. Einzige Ausnahme: Der Schalter für den Fahrtrichtungsanzeiger befindet sich weit entfernt am Armaturenbrett, ähnlich wie bei den bis 1950 gebauten Mercedes-Benz-Personenwagen. Daran kann man sich gewöhnen.

Etwas ungewöhnlich die beiden Schalthebel: einer für die Vorwärtsgänge des »Normalgetriebes, der andere für das zusätzliche Untersetzungen bietende Gruppengetriebe samt Rückwärtsgängen.

Angenehm leicht zu betätigen das Kupplungspedal, das zudem auch einen viel kürzeren Hebelweg hat, wesentlich fußgerechter angeordnet ist auch das Bremspedal: Noch bevor ich den Motor startete, erkannte ich schon den Fortschritt gegenüber dem doch recht altertümlichen Bulldog.

Starten: Wie einfach und leicht sich das beim Unimog bewerkstelligen läßt: Statt Lötlampe und »Fritz-Huber-Gedenkzigaretten« beim Lanz nur kurzes Betätigen es Vorglühschalters und Einlegen einer »Rudolf-Diesel-Gedenkminute«, dann wird der Schalter noch um eine Position weitergedrückt, der Anlasser knurrt kurz und die vier Zylinder des Motors erwachen zum Leben.

Dabei entwickelt der OM 636 das aus den Mercedes-D-Typen der fünfziger Jahre wohlbekannte, dieseltypische, »nagelnde« Leerlaufgeräusch, das sich jedoch mit zunehmender Betriebstemperatur mindert.

Leicht wie im Personenwagen läßt sich der Gang einlegen und ebenso leicht fahre ich rückwärts aus dem Hof. Und hinaus geht es!

Das Einsortieren der Gänge des Hauptgetriebes ist mit etwas Sucharbeit verbunden, das liegt am Verschleißzustand des Schaltgestänges. Immerhin besitzt der Unimog ein synchronisiertes Getriebe, das das Wechseln der Gänge sehr vereinfacht.

Die Lenkung ist etwas indirekt untersetzt, aber leichtgängig und zielgenau; kaum, daß einmal auf gerader Strecke korrigiert werden muß. Der Motor reagiert sehr sensibel auf die kleinsten Bewegungen des Gaspedals.

Allerdings will der Motor auf Drehzahl gehalten und fleißig geschaltet werden – ein Zugeständnis an den kleineren Hubraum und die höhere Nenndrehzahl.

Immer wieder bin ich begeistert, wie komfortabel sich dieser Unimog fährt. Und wie neben mir im Fahrerhaus meine beiden Begleiter bequem Platz auf der breiten, gut gepolsterten Sitzbank finden.

Wir überqueren die Geleise der stillgelegten Bahnstrecke. Mit dem Unimog fahre ich darüber als säßen wir in einem VW-Transporter, die Allradfederung schluckt die Unebenheit, bügelt sie einfach weg.

Ich geben dem Unimog die Sporen, schalte hinauf: Spontan gehorcht das Fahrzeug der kleinsten Bewegung am Lenkrad, sicher bleibt es auf Kurs, und als Fahrer kann man sich fast ganz aufs Gasgeben und Bremsen beschränken. Sicher: Eine Sänfte ist der Unimog nicht, soll er auch nicht sein. Aber auf dem unbefestigten Abschnitt fährt er sich jedenfalls ungleich leichter als jeder Schlepper und erlaubt zudem ein höheres Tempo.

Wie einfach und leicht sich das Anfahren gestaltet: Die Kupplung benötigt kaum mehr Kraft als in einem Personenwagen, der Gang läßt sich mit zwei Findern einlegen. Was für ein Unterschied gegenüber allen anderen damaligen Traktoren deutscher Produktion!

Freilich: Dem Unimog-Dieselmotor fehlt ein wenig die brutale Durchzugskraft eines Lanz-Einzylinders. Die Leistung als Produkt aus der in den Zylindern erzeugten Kraft und der Kurbelwellendrehzahl vermag dies nur unvollständig zu belegen (Sonst müßte ja mein Auto mit seinen 200 PS noch mehr ziehen können als ein Lanz mit 55...). Zwar macht die reichliche Antriebsuntersetzung – vor allem durch das Gruppengetriebe – dieses Manko durch Langsamfahrt trotz höherer Motordrehzahl bis zu einem gewissen Grad wett, doch Hubraum ist eben durch nichts zu ersetzen, und der Sieg geht in dieser Disziplin klar an jeden Lanz...

Klar, daß jeder Bauer vor vierzig Jahren beim Auftauchen des Unimog erst einmal skeptisch war. Würde der kleinvolumige Vierzylinder-Dieselmotor eine ähnlich hohe Zugkraft wie der Bulldog entwickeln, würde er genausolange halten? Würden Wartung und Instandsetzung eines derart aufwendigen Fahrzeugs nicht die Unkosten in schwindelerregende Höhen treiben? Würde die Allradfederung z. B. beim Mähen überhaupt einen glatten Schnitt erlauben? Und auch: Würde das – wie bei geländegängigen LKW schon lange übliche – verwindungsfreudige Fahrwerk der harten Beanspruchung standhalten? Wie steht es mit dem viel geringeren Eigengewicht des Unimog: Würde sich dies nicht nachteilig auf die Zugleistung auswirken?

Die Praxis mußte diese und ähnliche Ressentiments ausräumen und jegliche Bedenken zerstreuen, und der Mut einiger der neuen Technik vertrauender Landwirte dem nachhelfen.

Und tatsächlich entbehrten diese Zweifel ja fast alle jeder sachlichen Grundlage: Der Mercedes-Benz-Dieselmotor OM 636 hatte sich bis dahin hunderttausendfach in den Diesel-Personenwagen des Hauses Daimler-Benz bewährt und Laufleistungen von teilweise bis zu 300 000 Kilometern erzielt, wobei der Verbrauch selbst bei recht flotter Gangart selten die Achtliter-Marke überschritt... Zur Erhöhung der Zugkraft diente das zusätzliche Untersetzungsgetriebe für extreme Langsamfahrt, kombiniert mit dem Allradantrieb, was

den Motor stets in leistungsgünstigen Drehzahlbereichen arbeiten ließ, ohne daß das Fahrzeug dadurch zu hohe Fahrgeschwindigkeiten erreichte.
Die Unkosten für Wartung und Instandsetzung waren zwar höher als beim Bulldog, hielten sich trotzdem durchaus noch im Bereich des finanziell Zumutbaren, vor allem auch durch die längeren Wartungsintervalle zwischen den einzelnen Kundendiensten.
Die relativ komfortable Allradfederung federte – wie Messungen ergaben – auch nicht tiefer ein als die großvolumigen Niederdruckreifen herkömmlicher Schlepper, was selbst mit eigentlich nicht für den Unimog vorgesehenen Universal-Anbaugeräten ein einigermaßen glattes Mähen ermöglichte.
Das verwindungsfreudige Chassis paßte sich den Unebenheiten im Gelände sogar ungleich besser an als die völlig steifen, meist zu einer Einheit aus Motor und Hinterachse zusammengefaßten Fahrwerke herkömmlicher Schlepper. Zwar konnte es in ganz extremen Fällen hin und wieder zu Klappergeräuschen oder Ächzen im Bereich der Aufbauten kommen, es ist jedoch kein Fall bekannt, daß es hierbei zu einem ungewollten Aufspringen der Türen oder gar Herausfallen der Frontscheibe gekommen wäre. Die Verschraubungen mußten sogar seltener kontrolliert oder ersetzt werden als bei herkömmlichen Traktoren.
Bleibt als einziger Nachteil das geringere Fahrzeuggewicht, das in ganz extremen Fällen zu einem Durchdrehen der Räder führen konnte. Aber erstens kommt es im landwirtschaftlichen Alltag kaum jemals zu solchen extremen Beanspruchungen, und mit normalen Zuglasten wurde selbst der erste Unimog geradezu spielend fertig! Zweitens erforderte gerade das hohe Gewicht herkömmlicher Traktoren eine Gewichtsverteilung mit recht niedriger Belastung der nicht mitangetriebenen Vorderräder, um leichter über Hindernisse wegrollen zu können. Jedoch gerade diese Bauweise hatte gravierende Nachteile: Es kam höchst selten vor, daß die Antriebsräder eines solchen Traktors unter extremer Zuglast nicht griffen und durchdrehten, dafür aber umso häufiger, daß der ganze Schlepper sich vorne aufbäumte, eine Tatsache, die bei ungeübten Fahrern sogar zum gefürchteten Überschlag rückwärts führte. Welcher Nachteil schwerer wiegt, richtet sich in erster Linie nach dem individuellen Einsatzprofil und dem Ermessen der einzelnen Kaufinteressenten.
Kurze Zeit später folgte ich einer Einladung, ein 1988er Modell vom Typ U 1250 im Gaggenauer Versuchsgelände, genannt »Sauberg«, probezufahren. Hier gibt es kein Pardon – man geht aufs Ganze.
Vorab etwas Theorie. 100 Prozent Steigung entsprechen einem Steigungswinkel von genau 45 Grad. Wenn eine Straße – horizontal gemessen – auf 100 Meter Länge um genau 100 Meter ansteigt, sind diese 100 Prozent genau erreicht. Länge und Höhe ergeben ein gleichschenkliges Dreieck.
Die maximale Steigfähigkeit normaler Personenwagen beträgt im allgemeinen um die 40 Prozent und meine eigene Sportlimousine soll laut Werksangabe 64 Prozent erreichen, während der berühmte Mercedes-Benz-Sportwagen 300 SL/W 198 sogar maximal 72 Prozent erreichen konnte. Für Straßenfahrzeuge keine realistischen Werte, betragen doch die steilsten Steigungen auf Europas Straßen maximal 34 Prozent.
Modernen Geländewagen wird meist eine Steigfähigkeit von maximal um 33 Grad zugestanden, das sind umgerechnet etwa 66,7 Prozent und die reichen in aller Regel auch vollauf aus.
Die steilsten Abschnitte auf der Strecke am »Sauberg« sind hingegen mit 110 Prozent ausgewiesen. Wie soll man da hinaufkommen?
Als ehemals Aktiver im Motorrad-Geländesport würde ich mir zwar zutrauen, auf einer Enduro- oder gar Trialmaschine diese extreme Strecke unter die Räder zu nehmen – aber mit einem vierrädrigen Fahrzeug? Und da kommen zwei Unimog auf die Strecke gefahren, ein »kurzer« U 700 und ein »langer« U 1250.
Als erster geht der U 700 die hundertzehnprozentige Steigung an und erklimmt sie ohne besondere Mühe... Doch als eigentlicher Prüfungskandidat ist der U 1250 vorgesehen. Zunächst wird ohne zugeschalteten Allradantrieb gefahren, und – siehe da – der Unimog bleibt mitten in der Steigung hängen. Und ein Wiederanfahren nur mit Hinterradantrieb erweist sich als absolut unmöglich, wie erwartet.
Dasselbe nochmal, diesmal mit Allradantrieb ohne Differentialsperren: Ziemlich locker kommt der Unimog hoch. Ein Wiederanfahren inmitten der Steigung wird allerdings mit Durchdrehen des am wenigsten belasteten Rades quittiert...
Also wiederholen, diesmal mit gesperrten Ausgleichgetrieben und zugeschaltetem Allradantrieb: Nun gelingt auch das Anfahren inmitten dieser Steigung ganz mühelos und locker. Der Unimog U 1250 hat die Aufgabe glänzend bestanden!
Dann ging es um das Überfahren einer Beton-»Schwelle« von ca. 0,75 m Höhe. Da die Kanten dieser Schwelle völlig senkrecht stehen und die Oberkante oberhalb des Zentrums der Vorderräder liegt, scheint ein Überrollen dieses Hindernisses so gut wie unmöglich. Mit Allradantrieb und gesperrten Differentialen besteht der mühelos an der Schwelle hochkletternde U 1250 indessen auch diese Aufgabe!
Durch Befahren der linken oder rechten Räder auf einem nachgebildeten Bahndamm soll danach die seitliche Kippsicherheit des Unimog demonstriert werden.

Der Unimog kommt aus der Ebene angefahren und erklimmt mit einem der beiden Vorderräder die Krone des einseitig abgeschnittenen »Bahndamms« und hält an. Die dabei gemessene Seitenneigung erreicht mit etwas mehr als 38 Grad nahezu die Kippgrenze von genau 39 Grad! Das Wiederanfahren muß entsprechend vorsichtig erfolgen, um eine weitere Seitenneigung (z. B. durch Ausfedern infolge von Antriebsmomenteneinwirkung) zu vermeiden, die Testfahrer verstehen natürlich ihr Handwerk.

Anschließend soll ein Graben diagonal so überfahren werden, daß die Achsen des nicht ganz korrekt daherkommenden Fahrzeugs extreme Verschränkungen zur Horizontalen vollführen; das Fahrzeug soll in dieser Position zum Stillstand gebracht und wieder angefahren werden. Drei Versuche stehen an: Einmal ausschließlich mit Hinterradantrieb, zum zweiten mit Allrad ohne und schließlich mit Allradantrieb sowie Sperrung aller Ausgleichsgetriebe.

Bei dieser Übung wird dem Betrachter vor Augen geführt, warum – anders als bei für hohe Kurvengeschwindigkeit ausgelegten Straßensportwagen – die Fahrwerke von geländegängigen Fahrzeugen nicht allzu verwindungssteif sein dürfen: Es dauert sehr lange, bis – unter besonders extremen Terrainbedingungen – erst das eine Vorder- und dann das Hinterrad an der gegenüberliegenden Fahrzeugseite den Bodenkontakt verliert und das Fahrzeug in diesem Zustand – also fast in der Schwebe – zum Stillstand kommt.

Ausschließlich mit Hinterradantrieb läßt sich das Fahrzeug nun nicht mehr von der Stelle bewegen, und auch nach Zuschaltung des Allradantriebs ohne Sperren verpufft alle Antriebskraft an den beiden durchdrehenden Rädern ohne Bodenkontakt. Mit gesperrtem Allradantrieb befreit sich der Unimog mühelos aus dieser für die meisten anderen Fahrzeuge überaus mißlichen Lage: Aufgabe bestanden!

Zum Schluß muß der Unimog am 110-prozentigen Gefälle zum völligen Stillstand abgebremst und anschließend gegen die talseitige ebene Fahrbahn wieder in Bewegung gesetzt werden.

Während das Fahrzeug so mit dem Bug nur noch wenige Zentimeter vom Boden entfernt dasteht, kommen Zweifel auf: Dieses Manöver wird bestimmt in einem Kopfstand über die vordere Stoßstange enden! Doch auch hier erweisen sich Gelände-Kriechgang und gesperrter Allradantrieb wieder als große Hilfe: Das Antriebsmoment verhindert ein Eintauchen des Vorderwagens, die mitangetriebenen Vorderräder »ziehen« das Fahrzeug auf die ebene Fahrbahnfläche. Sogar diese Aufgabe besteht »der« Unimog mit Bravour.

Fünf Aufgaben, die jeden anderen mir bekannten Geländewagen kläglich scheitern ließen, und der Unimog besteht sie alle: Kein Wunder, daß mein Respekt vor diesen Fahrzeugen – und ihren geistigen Vätern – gewaltig wuchs.

Jedoch damit nicht genug: Nun darf ich selbst mit auf die Runde. Und von dem mich begleitenden Testfahrer erfahre ich, daß schon so mancher mitfahrende Bundeswehroffizier hernach leichenblaß ausgestiegen sei. Aber – wie heißt es im Jargon: Solange man noch nicht aus dem Sitz rutscht, ist's im Unimog noch nicht kritisch …

Ein bißchen mulmig ist mir aber schon, als wir die 110 Prozent emporklimmen – fest gegen die Polster der Sitzlehnen gepreßt! Unmöglich, einen Blick auf die Fahrbahn zu werfen, man sieht vor sich nur den Himmel, dem man entgegenzufahren scheint. Die Schwelle: Als sie auf uns zukommt, fürchte ich einen massiven Anprall. Mit gesperrtem Allradantrieb und im langsamsten Gang überklettert unser Fahrzeug selbst dieses Hindernis und hinterläßt dabei kein viel schlimmeres Gefühl als im Pkw das Überfahren eines größeren Schlaglochs in der Fahrbahndecke.

Weniger beeindruckt mich das »diagonale« Fahren über den »Graben«, dafür aber umsomehr der Seitenneigungs-Test am »Bahndamm«: Wahrlich ein flaues Gefühl, wenn einem durchs Seitenfenster der Boden immer näherkommt. Umso schlimmer die 110-prozentige Abfahrt: Wie eine senkrechte Mauer stellt sich einem die ebene Fahrbahn entgegen und man hat wirklich das erhebende Gefühl, jetzt gleich auf die Nase zu fallen. Doch auch hier täuscht der optische Eindruck: im Kriechgang – selbstverständlich mit gesperrtem Allradantrieb – erweist sich diese Übung als recht harmlos.

Nur darf man, wie mir mein Begleiter erklärt, in instabilen Fahrzuständen niemals die Kupplung treten, sonst könnte das Fahrzeug leer durchplumpsen. Man muß vielmehr den Kriechgang mit zugeschaltetem Allradantrieb und dito Differentialsperren nehmen. Der Mann muß es wissen: Schließlich ist er mit einem Unimog in den Anden Ecuadors schon auf Berghänge in Höhen bis 5500 Meter ü. d. M. geklettert.

Mein Vertrauen in die nun mehr als vierzig Jahre alte Konstruktion der Herren Friedrich, Rößler und Co. ist mit diesen Fahrten noch gestiegen, und als mein Begleiter von einer geplanten Ost-West-Durchquerung der australischen Wüste berichtet, bedauere ich nur, nicht daran teilnehmen zu können: Mit einem Unimog – diesem Alleskönner – erscheint mir ein solches Vorhaben recht aussichtsreich …

OLYMPIA
Reifenberg
v.s.d
614
PARIS DAKAR
v.s.d
OLYMPIA
Steco

OLYMPIA
Reifenberg
v.s.d
KLUBER
LUBRICATION
SI-LD 10
7e RALLYE
PARIS-DAKAR
v.s.d
OLYMPIA

Links: Ein weiterer Schnappschuß von jenem U 1300, der bei der 7. Rallye Paris–Dakar von privater Seite zum Einsatz kam.

Rechts: Der in Afrika eingesetzte große Unimog fuhr den Wettbewerb nicht als Begleitfahrzeug, sondern als Teilnehmer in Wertung mit! Das Capito-Team qualifizierte sich als Sieger im Lastwagen-Klassement.

Unten: Auch im Tibetanischen Hochland ist der Unimog zu finden. Er diente der Shisha-Pangma-Expedition im Jahre 1980 als Transportfahrzeug bis über 4000 Meter Höhe.

Links: Ein Unimog als Feuerlöschfahrzeug im Salzburger Land. Wehren in aller Welt bedienen sich seit Jahrzehnten des Unimog in verschiedenen Aufbauformen.

Rechts: Schwerarbeit im Straßenbau: Der Unimog als fahrende Antriebsmaschine für die Bodenverdichtung.

TRENKLE VERDICHTER
TRENKLE
VERDICHTER

FFR
UNIMOG
1000
11.6

HAM-E782
414
UNIMOG
1700

BT-10-RV
S

SCHMIDT
S50
317

Rechts: Schneeräumung mit einem Unimog U 1250 von 1982.

Gegenüberliegende Seite: Oben links ein U 1000 bei Wartungsarbeiten an der Autobahn in der Schweiz; rechts daneben ein Zweiwege-Unimog bei der holländischen Staatsbahn. Unten links ein U 1700 im Kommunalbetrieb; rechts daneben Splitstreuung in Hallein/Österreich.

Unten: Unimog U 1700 L als Unfalleinsatzwagen der Zürcher Kantonspolizei von 1979.

Ganz links: über 25 Jahre im Einsatz – ein Schweizer Landwirt und sein tadellos erhaltener Veteran. Rechts daneben: Randstreifenpflege mit einem U 1200 auf fränkischen Landstraßen.

Unten: Zwillingsbereifter Unimog mit Spezialgerät zum Ausbringen von Saatgut.

Klassensieg bei der Rallye Paris-Dakar

Ein Nutzfahrzeug mit den Qualitäten eines Hochleistungs-Geländesportwagens

Der Unimog ist nicht nur ein geländegängiges Nutzfahrzeug, seine Möglichkeiten beschränken sich nicht allein auf land- und forstwirtschaftlichen, kommunalen oder militärischen Einsatz. Ein solches Fahrzeug läßt sich auch nicht nur bei Expeditionen einsetzen, sondern – wie sich zeigte – sogar erfolgreich im Rallye-Sport.

Von allen Rallye-Veranstaltungen die wohl schwerste ist seit Jahren die in letzter Zeit wohl zu Recht kritisierte Super-Langstreckentour von Paris nach Dakar.

Üblicherweise findet der Rallyesport heutzutage auf öffentlichen Straßen statt, mit speziellen, in ihrer Länge festgelegten Sonderprüfungen auf gesperrten Strecken wie permanenten Rennstrecken oder Truppen-Übungsplätzen, während auf den Verbindungsetappen streng nach Vorschrift der jeweils geltenden Straßenverkehrsordnung gefahren werden muß.

Nicht so bei der »Dakar«: Über weiteste Abschnitte gibt es keine öffentlichen Straßen, sondern nur wenig gut markierte Pisten und Rollbahnen quer durch die nordafrikanische Wüste, und auf Verbindungsetappen wird dabei gänzlich verzichtet: Die ganze Fahrt – über rund 14000 Kilometer Länge – ist eine einzige Sonderprüfung mit Jagd nach Bestzeiten, gespickt mit schwer lösbaren Orientierungsaufgaben!

Der Bewohner westlicher Großstädte macht sich ein völlig falsches Bild von einer solchen Tour durch die Wüste: Handelt es sich dabei doch keinesfalls um die oft in alten Erzählungen beschriebenen topfebenen Sandpisten. Vielmehr besteht die nordafrikanische Wüste zu einem nicht unerheblichen Teil aus grobem und teilweise reifenmordend scharfkantigem Geröll, und vor allem ist sie keineswegs topfeben.

Überwiegend besteht die Wüste aus riesigen und bis zu mehr als hundert Meter hohen Wanderdünen, die an ihrer dem Wind zugewandten Luvseite zwar scheinbar sanft ansteigen, an ihrer Leeseite jedoch fast senkrecht abfallen. So erweisen sich diese Dünen neben dem »fech-fech«-Treibsand und scharfkantigen Gesteinspassagen als besondere Schwierigkeit: Nicht nur, daß diese Dünen ständig ihren Standort ändern und dadurch die Fahrer vor gravierende Orientierungsprobleme stellen. Es kam auch immer wieder zu schweren Unfällen dadurch, daß Fahrer in der Hektik des Gefechts diese Dünen luvseitig zu schnell anfuhren und dann am leeseitigen Steilhang abstürzten.

Als besonders heimtückisch erwiesen sich weniger die großen als die winzigen Dünen, die sich lediglich als größere Bodenwellen äußern: Da kam es vor, daß Fahrer diese Wellen zu spät erkannten und dann mit Vollgas drüberdonnerten, was allzuoft zu abgerissenen Rädern und sogar bösen Überschlägen führte. Denn der Zeitdruck auf die Fahrer ist gewaltig, die gefahrene Geschwindigkeit – mit 160, 180 und sogar mehr als 200 km/h! – entsprechend hoch, zu hoch, um den geringsten Fahrfehler zu verzeihen.

Hinzukommt als besondere Delikatesse, daß alle Ersatzteile mitführenden Service- und Betreuungsfahrzeuge als reguläre Teilnehmer in der Wertung mitfahren müssen.

Dies hat zur Folge, daß für den Service nur speziell für diese Rallye zurechtgemachte, auf Höchstleistung getrimmte Spezialfahrzeuge in Betracht kommen – mit routinierten Sportfahrern am Steuer.

Als solches Service-Fahrzeug nahm an der am 1. 1. 1985 in Paris gestarteten Veranstaltung auch ein Unimog unter einem Privatfahrerteam (in privater Hand, aber mit Unterstützung durch das Werk getunt) teil, gefahren von Vater und Sohn der Siegerländer Industriellenfamilie Capito und einem dritten Fahrer als Copilot.

Zweifellos handelte es sich bei diesem Unimog um eine Spezialausführung, mit wesentlich mehr Leistung als die Serienversionen und verstärkten Aufhängungs- und Federungsteilen sowie in der auf Wunsch lieferbaren »Tropenversion«, mit der sich eine üblicherweise für den Unimog unerreichbare Spitzengeschwindigkeit von mindestens 180 km/h erzielen ließ. Doch obwohl »Spezial«, konnte dieser Wagen doch seine Herkunft und Konstruktion keineswegs verleugnen.

Obwohl eine Rallyeteilnahme nie zu den Zielen seiner geistigen Väter gehörte, erzielte dieser Unimog »Spezial« bei dieser schwersten und härtesten aller Motorsportveranstaltungen einen ganz überlegenen Klassensieg gegen die erfolgsgewöhnten Spezialkonstruktionen von DAF und MAN, inmitten des Feldes der in anderen Klassen gewerteten, leichteren Personen- und Geländewagen. Ein umso eindrucksvollerer Erfolg, als bei diesem Fahrzeug ja das fast heute schon klassisch zu nennende Unimog-Konzept weitgehend beibehalten worden war und die Modifikationen sich einige wenige Details beschränkten.

Da es sich hierbei um keinen offiziellen Werkseinsatz handelte, wurde dieser Erfolg wenig in der Werbung ausgewertet, obgleich es wohl kaum einen besseren Beweis für die universelle Verwendbarkeit dieses ungewöhnlichen Fahrzeugs und die bis heute bestehende Genialität des immerhin vor mehr als vierzig Jahren entstandenen Unimog-Konzepts geben dürfte...

Rechts: Sonderaufbau für einen Unimog von 1954 für Forschungszwecke.

Links: Vivi Bach am Lenkrad eines speziellen Wagens mit Doppelkabine. Dieser Unimog wurde im Rahmen eines Entwicklungshilfe-Programms in Afrika eingesetzt.

Unten: Franzosen nahmen mit diesem schweren Unimog ebenfalls an der Rallye Paris–Dakar teil.

Technische Daten

Die nachfolgenden Tabellen geben die Hauptdaten aller Unimog-Modelle wieder, die vom ersten Boehringer-Typ bis zum schweren U 1750, Modelljahrgang 1988, gebaut wurden. Durch die vielen Varianten in der Bereifung sind Angaben über die Spurweiten nicht zu standardisieren, ebenso sind die Breiten- und Höhenmaße nur als Mittelwerte anzusehen. Im Laufe der Bauzeit eines Grundmodells veränderte man oft auch Motoren- und Getriebe-Konfigurationen, auf die hier ebenfalls nicht näher eingegangen werden kann. Alle aufgeführten Daten basieren auf Werksangaben.

Modell	S/U 82 (M 180/II)	S/U 82 S
Baumuster	404	404 S
eingeführt	1955	1956
Motor	Benzin, 1 Vergaser	Benzin, 1 Vergaser
Zylinder	6	6
Bohrung x Hubraum mm	80 x 72,8	80 x 72,8
Hubraum cm^3	2195	2195
Leistung PS (kW)	82/4850	82/4850
Getriebe	6-Gang + 1 Rückwärtsgang	
Antrieb	Allrad, Portalachsen, Differentialsperren	
Fußbremse	hydraulisch, Saugluft- oder Druckluft-Servo	
Radstand mm	2670	2900
Bereifung	10.00–20	10.00/10.50–20
Gesamtmaße mm	4060 x 2130 x 2190	4925 x 2130 x 2190
Eigengewicht kg	2850	2900
zul. Gesamtgew. kg	4350	5000
Höchstgeschw. km/h	95	95

Modell	25 PS
Baumuster	401/402
eingeführt	1951
Motor	Vorkammer-Diesel OM 636 II
Zylinder	4
Bohrung x Hubraum	75 x 100
Hubraum cm^3	1767
Leistung PS (kW)	25/2350
Getriebe	6-Gang + 2 Kriechgänge, 2 Rückwärtsgänge
Antrieb	Allrad, Portalachsen, Differentialsperren
Fußbremse	hydraulisch
Radstand mm	1720
Bereifung	6.50–20
Gesamtmaße mm	3570 x 1630 x 2100 ohne Verdeck
Eigengewicht kg	1780
zul. Gesamtgew. kg	3150
Höchstgeschw. km/h	50

Modell	30 PS	
Baumuster	411	
eingeführt	1956	
Motor	Vorkammer-Diesel Om 636 II	
Zylinder	4	
Bohrung x Hub mm	75 x 100	
Hubraum cm^3	1767	
Leistung PS (kW)	30/2550 (ab 1959: 32/2550)	
Getriebe	6-Gang + 2 Kriechgänge, 2 Rückwärtsgänge	
Antrieb	Allrad, Portalachsen, Differentialsperren	
Fußbremse	hydraulisch	
Radstand	1720	2120
Bereifung	7.50–18	7.50–18
Gesamtmaße	3570 x 1630 x 2100	3860 x 1835 x 2140 einschl. Kabine
Eigengewicht kg	1850	1950
zul. Gesamtgew. kg	3200	3500
Höchstgeschw. km/h	65	65

Modell	Boehringer-Unimog
Baumuster	–
eingeführt	1949
Motor	Vorkammer-Diesel OM 636
Zylinder	4
Bohrung x Hub mm	73,5 x 100
Hubraum cm^3	1697
Leistung PS (kW)	25/3000
Getriebe	6-Gang + 2 Rückwärtsgänge
Antrieb	Allrad, Portalachsen, Differentialsperren
Fußbremse	hydraulisch
Radstand mm	1700
Bereifung	6.50–20
Gesamtmaße	3550 x 1630 x 2100 ohne Verdeck
Eigengewicht kg	1650
zul. Gesamtgew. kg	3000
Höchstgeschw. km/h	50

EKZ WÄDENSWIL 326

Links: Erdarbeiten beim Straßenbau in der Schweiz. In jenem Land erfreut sich der Unimog ganz besonderer Beliebtheit.

Unten: Auch für die Pflege der Landstraßen- und Autobahn-Grünstreifen gibt es Unimog-Sonderaufbauten aller Art.

Modell	U 34	
Baumuster	411	
eingeführt	1966	
Motor	Vorkammer-Diesel OM 636 II	
Zylinder	4	
Bohrung x Hub mm	75 x 100	
Hubraum cm³	1767	
Leistung PS (kW)	34/2750	
Getriebe	6-Gang + 2 Kriechgänge, 2 Rückwärtsgänge	
Antrieb	Allrad, Portalachsen, Differentialsperren	
Fußbremse	hydraulisch	
Radstand mm	1720	2120
Bereifung	7.50–18	7.50–18
Gesamtmaße mm	3570 x 1630 x 2100	3850 x 1835 x 2140 einschl. Kabine
Eigengewicht kg	2200	2300
zul. Gesamtgew. kg	3200	3500
Höchstgeschw. km/h	65	65

Modell	U 800
Baumuster	403.122
eingeführt	1966
Motor	Direkteinspritz-Diesel OM 314
Zylinder	4
Bohrung x Hub mm	97 x 128
Hubraum cm³	3780
Leistung PS (kW)	72 (53)/2550
Getriebe	6-Gang + 2 Rückwärtsgänge und 4 Kriech- oder Schneckengänge bzw. Vorschaltgetriebe
Antrieb	Allrad, Portalachsen, Differentialsperren
Fußbremse	hydraulisch, Druckluft-Servo
Radstand mm	2380
Bereifung	10.50/12.50/14.50–20
Gesamtmaße mm	4160 x 2000 x 2335/2390
Eigengewicht kg	3600
zul. Gesamtgew. kg	6000
Höchstgeschw. km/h	75

Modell	U 65	
Baumuster	406	
eingeführt	1963	
Motor	Vorkammer-Diesel OM 312	ab 1961: OM 352
Zylinder	6	6
Bohrung x Hub mm	90 x 120	97 x 128
Hubraum cm³	4580	5675
Leistung PS (kW)	65/2550	65/2550
Getriebe	6-Gang + 2 Rückwärts- und 2 Kriechgänge oder Vorgelege	
Antrieb	Allrad, Portalachsen, Differentialsperren	
Fußbremse	hydraulisch, Druckluft-Servo	
Radstand mm	2380	
Bereifung	10.00–20 ES/12.50–20 ES	
Gesamtmaße mm	4050 x 2000 x 2300	
Eigengewicht kg	3100–3250	
zul. Gesamtgew. kg	5000–5500	
Höchstgeschw. km/h	70	

Modell	U 80	U 90
Baumuster	416	416
eingeführt	1965	1969
Motor	Direkteinspritz-Diesel OM 352	
Zylinder	6	6
Bohrung x Hub mm	97 x 128	97 x 128
Hubraum cm³	5675	5675
Leistung PS (kW)	80/2800	90/2800
Getriebe	6-Gang + 2 Rückwärts- und 2 Kriechgänge oder Vorlege	
Antrieb	Allrad, Portalachsen, Differentialsperren	
Fußbremse	hydraulisch, Druckluft-Servo (ab 1973: Scheiben)	
Radstand mm	2900	
Bereifung	10.00–20/12.50–20	
Gesamtmaße mm	4650 x 2150 x 2350	
Eigengewicht kg	2800–3200	3200–3400
zul. Gesamtgew. kg	5800–7000	6000–7000
Höchstgeschw. km/h	70	70

Modell	U 70	U 80/U 84
Baumuster	406	406
eingeführt	1966	1969
Motor	Direkteinspritz-Diesel OM 352	
Zylinder	6	6
Bohrung x Hub mm	97 x 128	97 x 128
Hubraum cm^3	5675	5675
Leistung PS (kW)	70/2550	80/2550
Getriebe	6-Gang + 2 Rückwärts- und 2 Kriechgänge oder Vorgelege	
Antrieb	Allrad, Portalachsen, Differentialachsen	
Fußbremse	hydraulisch, Druckluft-Servo (ab 1973: Scheiben)	
Radstand mm	2380	2380
Bereifung	10.50–20/12.50–20	10.50–20/14.50–20
Gesamtmaße mm	4100 x 2100 x 2330	4100 x 2100 x 2330
Eigengewicht kg	3200–3500	3400–3500
zul. Gesamtgew. kg	4800–5600	4800–5600
Höchstgeschw. km/h	70	76

Modell	U 45	U 52
Baumuster	421	421
eingeführt	1968	1970
Motor	Vorkammer-Diesel OM 615H	OM 616
Zylinder	4	4
Bohrung x Hub mm	87 x 92,4	90 x 92,4
Hubraum cm^3	2197	2456
Leistung PS (kW)	45/3000	52/3000
Getriebe	6-Gang + 2 Rückwärts- und 2 Kriechgänge oder Vorgelege	
Antrieb	Allrad, Portalachsen, Differentialsperren	
Fußbremse	hydraulisch, Druckluft-Servo	
Radstand mm	2250	
Bereifung	7.50–18/10.50–18/12.50–18	
Gesamtmaße mm	4000 x 1865 x 2180	4100 x 1865 x 2230
Eigengewicht kg	2700	2850
zul. Gesamtgew. kg	4000	4100
Höchstgesch. km/h	k. A.	k. A.

Modell	2140
Baumuster	421
eingeführt	1966
Motor	Vorkammer-Diesel OM 621
Zylinder	4
Bohrung x Hub mm	95 x 120
Hubraum cm^3	3402
Leistung PS (kW)	45/3000
Getriebe	6-Gang + 2 Rückwärts- und 2 Kriechgänge oder Vorgelege
Antrieb	Allrad, Portalachsen, Differentialsperren
Fußbremse	hydraulisch, Druckluft-Servo
Radstand mm	2250
Bereifung	10.50–18
Gesamtmaße mm	4000 x 1865 x 2180
Eigengewicht kg	2450
zul. Gesamtgew. kg	3700
Höchstgeschw. km/h	70

Modell	U 54	U 66
Baumuster	403	403
eingeführt	1968	1969
Motor	Direkteinspritz-Diesel OM 314	
Zylinder	4	4
Bohrung x Hub mm	97 x 128	97 x 128
Hubraum cm^3	3782	3782
Leistung PS (kW)	54/2550	68/2550
Getriebe	6-Gang + 2 Rückwärts- und 2 Kriechgänge oder Vorgelege	
Antrieb	Allrad, Portalachsen, Differentialsperren	
Fußbremse	hydraulisch, Druckluft-Servo (ab 1973: Scheiben)	
Radstand mm	2380	
Bereifung	10.50–20	
Gesamtmaße mm	4100 x 2030 x 2330	
Eigengewicht kg	3000–3500	3300–3550
zul. Gesamtgew. kg	4500–5800	4800–4850
Höchstgeschw. km/h	k. A.	k. A.

Dammann
UNIMOG
1700 L

Links: Unimog U 1700 L eines niedersächsischen Bauunternehmens mit Spezialeinrichtung für die Reetdachdeckung.

Unten: Ein Unimog U 1000 mit Muldencontainer beim Straßenbau.

Modell	U 80	U 90/U 100/U 125
Baumuster	413	416
eingeführt	1969	1969
Motor	Direkteinspritz-Diesel OM 314	OM 352
Zylinder	4	6
Bohrung x Hub mm	97 x 128	97 x 128
Hubraum cm^3	3782	5675
Leistung PS (kW)	80/2800	90 (100, 125) 28000
Getriebe	6-Gang + 2 Rückwärtsgänge	
Antrieb	Allrad, Portalachsen, Differentialsperren	
Fußbremse	hydraulisch, Druckluft-Servo	
Radstand mm	2900	2900 (3400)
Bereifung	10.50–20	10.50/12.50–20
Gesamtmaße mm	5000 x 2030 x 2300	5100 x 2030 x 2300 (5700 x 2030 x 2300)
Eigengewicht kg	3200	3500–3600
zul. Gesamtgew. kg	6000	6000
Höchstgeschw. km/h	73	75 (85, 89)

Modell	U 600
Baumuster	421.140
eingeführt	1969
Motor	Vorkammer-Diesel OM 616
Zylinder	4
Bohrung x Hub mm	91 x 92,4
Hubraum cm^3	2404
Leistung PS (kW)	52 (38)/3000
Getriebe	6-Gang + 2 Rückwärtsgänge und 4 Kriech- oder Schneckengänge bzw. Vorschaltgetriebe
Antrieb	Allrad, Portalachsen, Differentialsperren
Fußbremse	hydraulisch, Druckluft-Servo
Radstand mm	2250
Bereifung	10.50–18/12.50–18
Gesamtmaße mm	4040 x 1825 x 2230
Eigengewicht kg	2850
zul. Gesamtgew. kg	4200
Höchstgeschw. km/h	65

Modell	U 45	U 52
Baumuster	421	421
eingeführt	1968	1970
Motor	Vorkammer-Diesel OM 615 H	OM 616
Zylinder	4	4
Bohrung x Hub mm	87 x 92,4	92 x 92,4
Hubraum cm^3	2197	2458
Leistung PS (kW)	55/3500	60/3500
Getriebe	6-Gang + 2 Rückwärtsgänge	
Antrieb	Allrad, Portalachsen, Differentialsperren	
Fußbremse	hydraulisch, Druckluft-Servo	
Radstand mm	2250	2250
Bereifung	7.50–18/10.50–18	10.50–18
Gesamtmaße mm	4200 x 1885 x 2180	4700 x 1865 x 2230
Eigengewicht kg	2400	2500
zul. Gesamtgew. kg	3700	4000
Höchstgeschw. km/h	80	80

Modell	U 1100
Baumuster	416.140
eingeführt	1969
Motor	Direkteinspritz-Diesel OM 352
Zylinder	6
Bohrung x Hub mm	97 x 128
Hubraum cm^3	5675
Leistung PS (kW)	110 (81)/2800
Getriebe	8-Gang + 8 Rückwärtsgänge, 8 Arbeitsgänge über Vorschaltgetriebe = 24 Gänge insgesamt
Antrieb	Allrad, Portalachsen, Differentialsperren
Fußbremse	hydraulisch, Druckluft-Servo
Radstand mm	2900
Bereifung	10.50/12.50–20
Gesamtmaße mm	4620 x 2040 x 2340 mit Fahrerkabine
Eigengewicht kg	3350
zul. Gesamtgew. kg	6500
Höchstgeschw. km/h	80

Modell	U 100/U 110
Baumuster	416
eingeführt	1970
Motor	Direkteinspritz-Diesel OM 352
Zylinder	6
Bohrung x Hub mm	97 x 128
Hubraum cm^3	5675
Leistung PS (kW)	100/2800 (ab 1974: 110/2800)
Getriebe	6-Gang + 2 Rückwärts- und 2 Kriechgänge oder Vorgelege
Antrieb	Allrad, Portalachsen, Differentialsperren
Fußbremse	hydraulisch, Druckluft-Servo (ab 1973: Scheiben)
Radstand mm	2900
Bereifung	10.50–20/12.50–20
Gesamtmaße mm	46500 x 2150 x 2350
Eigengewicht kg	3300–3500
zul. Gesamtgew. kg	6000–7000
Höchstgeschw. km/h	70

Modell	S/U 110 (M 130)
Baumuster	404
eingeführt	1972
Motor	Benzin, 2 Vergaser
Zylinder	6
Bohrung x Hub mm	86,5 x 78,8
Hubraum cm^3	2778
Leistung PS (kW)	110/4800
Getriebe	6-Gang + 1 Rückwärtsgang
Antrieb	Allrad, Portalachsen, Differentialsperren
Fußbremse	hydraul., Saugluft- oder Druckluft-Servo
Radstand mm	2900
Bereifung	10.50–20
Gesamtmaße mm	5025 x 2130 x 2250
Eigengewicht kg	2970
zul. Gesamtgew. kg	5500
Höchstgeschw. km/h	100

Modell	U 900
Baumuster	406.120
eingeführt	1972
Motor	Direkteinspritz-Diesel OM 352
Zylinder	6
Bohrung x Hub mm	97 x 128
Hubraum cm^3	5675
Leistung PS (kW)	84 (62)/2550
Getriebe	6-Gang + 2 Rückwärtsgänge und 4 Kriech- oder Schneckengänge bzw. Vorschaltgetriebe
Antrieb	Allrad, Portalachsen, Differentialsperren
Fußbremse	hydraulisch, Druckluft-Servo
Radstand mm	2380
Bereifung	10.50/12.50/14.50–20
Gesamtmaße mm	4160 x 2000 x 2335/2390
Eigengewicht kg	3600
zul. Gesamtgew. kg	6000
Höchstgesch. km/h	75

Modell	U 1300
Baumuster	425.121
eingeführt	1975
Motor	Direkteinspritz-Diesel OM 352 (ab 1979 mit Abgas-Turbo
Zylinder	6
Bohrung x Hub mm	97 x 128
Hubraum cm^3	5675
Leistung PS (kW)	125 (92)/2600 (ab 1976: 150PS/110 kW)
Getriebe	8-Gang + 8 Rückwärtsgänge, 8 Arbeitsgänge über Vorschaltgetriebe = 24 Gänge insgesamt
Antrieb	Allrad, Portalachsen, Differentialsperren
Fußbremse	hydraulisch, Druckluft-Servo
Radstand mm	2810
Bereifung	14.50–20, 4.50–24, 11.00/12.00–20
Gesamtmaße mm	4750 x 2300 x 2740 mit Fahrerkabine
Eigengewicht kg	5700
zul. Gesamtgew. kg	9000
Höchstgeschw. km/h	86

Links: Vier nagelneue Schnee-räum-Fahrzeuge, die 1954 nach Südtirol geliefert wurden. In Österreich und Italien sieht man viele Unimog im Kommunaleinsatz.

Unten: Städtische Kanalarbeiten mit dem Unimog in Mannheim. Man hat dort eine ganze Flotte von unterschiedlichen Unimog-Fahrzeugen im Fuhrpark.

Modell	U 1500	U 1700
Baumuster	425.141	435.110
eingeführt	1975	1975
Motor	Direkteinspritz-Diesel OM 352A mit Abgas-Turbo	
Zylinder	6	6
Bohrung x Hub mm	97 x 128	97 x 128
Hubraum cm^3	5675	5675
Leistung	150(110)/2800	168 (124)/2800
Getriebe	8-Gang + 8 Rückwärtsgänge, 8 Arbeitsgänge über Vorschaltgetriebe = 24 Gänge insgesamt	
Antrieb	Allrad, Portalachsen, Differentialsperren	
Fußbremse	hydraulisch, Druckluft-Servo	
Radstand mm	2810	3250
Bereifung	12.00/13.00/14.50–20	
Gesamtmaße mm	4750 x 2340 x 2650 mit Fahrerkabine	5210 x 2340 x 2650 mit Fahrerkabine
Eigengewicht kg	5400	5650
zul. Gesamtgew. kg	10 600	10 600
Höchstgeschw. km/h	84	90

Modell	U 1200	U 1250
Baumuster	424.122	424.126
eingeführt	1976	1979
Motor	Direkteinspritz-Diesel OM 352 A mit Abgas-Turbo	
Zylinder	6	
Bohrung x Hub mm	97 x 128	
Hubraum cm^3	5675	
Leistung PS (kW)	125 (92)/2600	
Getriebe	8 Gang + 8 Rückwärtsgänge, 8 Arbeitsgänge über Vorschaltgetriebe = 24 Gänge insgesamt	
Antrieb	Allrad, Portalachsen, Differentialsperren	
Fußbremse	hydraulisch, Druckluft-Servo	
Radstand mm	2650	3250
Bereifung	9.00/10.50/12.50/14.50–20	
Gesamtmaße mm	4470 x 2110 x 2610 mit Fahrerkabine	5070 x 2110 x 2610 mit Fahrerkabine
Eigengewicht kg	4210	4800
zul. Gesamtgew. kg	7500–9000	7500–10 000
Höchstgeschw. km/h	73	84

Modell	U 72
Baumuster	403
eingeführt	1976
Motor	Direkteinspritz-Diesel OM 314
Zylinder	4
Bohrung x Hub mm	97 x 128
Hubraum cm^3	3782
Leistung PS (kW)	72/2550
Getriebe	6-Gang + 2 Rückwärts- und 2 Kriechgänge oder Vorgelege
Antrieb	Allrad, Portalachsen, Differentialsperren
Fußbremse	Hydraulisch, Druck-Servo, Scheiben
Radstand mm	2380
Bereifung	10.50/12.50/14.50–20
Gesamtmaße mm	4100 x 2030 x 2330
Eigengewicht kg	3500
zul. Gesamtgew. kg	5800
Höchstgeschw. km/h	k. A.

Modell	U 1000
Baumuster	424.121
eingeführt	1976
Motor	Direkteinspritz-Diesel OM 352
Zylinder	6
Bohrung x Hub mm	97 x 128
Hubraum cm^3	5675
Leistung PS (kW)	95 (70)/2600 (ab 1979: 125 PS/92 kW)
Getriebe	8-Gang + 8 Rückwärtsgänge, 8 Arbeitsgänge über Vorschaltgetriebe = 24 Gänge insgesamt
Antrieb	Allrad, Portalachsen, Differentialsperren
Fußbremse	hydraulisch, Druckluft-Servo
Radstand mm	2650
Bereifung	9.00/10.00/12.50/14.50–20
Gesamtmaße mm	4380 x 2110 x 2570 mit Fahrerkabine
Eigengewicht kg	4450
zul. Gesamtgew. kg	6800
Höchstgeschw. km/h	77

Modell	U 900
Baumuster	417.101
eingeführt	1983
Motor	Direkteinspritz-Diesel OM 352
Zylinder	6
Bohrung x Hub mm	97 x 128
Hubraum cm^3	5675
Leistung PS (kW)	84 (62)/2550
Getriebe	8 Haupt-, 8 Zwischen-, 6 Kriech-, 6 Superkriechgänge + Rückwärtsgänge
Antrieb	Allrad, Portalachsen, Differentialsperren
Fußbremse	hydraulisch, Druckluft-Servo
Radstand mm	2380
Bereifung	10.50/12.50/14.50–20, 335/80R20, 375/75R20
Gesamtmaße mm	4100 x 2040 x 2560
Eigengewicht kg	3440
zul. Gesamtgew. kg	6500–7500
Höchstgeschw. km/h	72

Modell	U 800
Baumuster	417.100
eingeführt	1985
Motor	Direkteinspritz-Diesel OM 314
Zylinder	4
Bohrung x Hub mm	91 x 128
Hubraum cm^3	3780
Leistung PS (kW)	75 (55)/2600
Getriebe	8 Haupt-, 8 Zwischen-, 6 Kriech-, 6 Superkriechgänge + Rückwärtsgänge
Antrieb	Allrad, Portalachsen, Differentialsperren
Fußbremse	hydraulisch, Druckluft-Servo
Radstand mm	2380
Bereifung	10.50/12.50/14.50–20, 335/375/80R20
Gesamtmaße mm	4100 x 2040 x 2560
Eigengewicht kg	3340
zul. Gesamtgew. kg	6500–8000
Höchstgeschw. km/h	73

Modell	U 600
Baumuster	407.100
eingeführt	1985
Motor	Direkteinspritz-Diesel OM 616
Zylinder	4
Bohrung x Hub mm	91 x 92,4
Hubraum cm^3	2404 (ab 1987: 2399)
Leistung PS (kW)	52–60 (38–44)/3000–3500
Getriebe	8 Haupt-, 8 Zwischen-, 6 Kriech-, 6 Superkriechgänge + Rückwärtsgänge
Antrieb	Allrad, Portalachsen, Differentialsperren
Fußbremse	hydraulisch, Druckluft-Servo
Radstand mm	2250
Bereifung	10.50/12.50–18, 275/335/80R18, 10.50R20
Gesamtmaße mm	4110 x 1895 x 2450
Eigengewicht kg	2730
zul. Gesamtgew. kg	4500–5800
Höchstgeschw. km/h	72

Modell	U 1000
Baumuster	427
eingeführt	1985
Motor	Direkteinspritz-Diesel OM 352
Zylinder	6
Bohrung x Hub mm	97 x 128
Hubraum cm^3	5675
Leistung PS (kW)	95 (70)/2600
Getriebe	8-Gang und 8 Rückwärtsgänge, Nachschaltgetriebe
Antrieb	Allrad, Portalachsen, Differentialsperren
Fußbremse	hydraulisch, Druckluft-Servo
Radstand	2650
Bereifung	9.00/10.50/12.50/14.50–20
Gesamtmaße mm	4470 x 2110 x 2610
Eigengewicht kg	4290
zul. Gesamtgew. kg	7500
Höchstgeschw. km/h	73

MARKT
SCHLIERSEE

Links: Arbeitsfahrzeug für Straßenbau und -pflege der Gemeinde Schliersee, Oberbayern – ein U 1200 mit kurzem Radstand von 1982.

Unten: Bei diesem Fahrzeug kann die zum Betrieb seitlich angelenkte Walzenvorrichtung zum Transport ans Heck montiert werden.

Modell	U 1200	U 1550
Baumuster	427.101	425.101
eingeführt	1987	1986
Motor	Direkteinspritz-Diesel OM 366 A mit Abgas-Turbo	
Zylinder	6	6
Bohrung x Hub mm	97,5 x 133	97 x 128
Hubraum cm³	5958	5675
Leistung PS (kW)	125 (92)/2400	150 (110)/2600
Getriebe	8 Haupt-, 8 Arbeits- (8 Kriech-)gänge = 16 oder 24 Vorwärtsgänge, alle rückw.- umschaltbar	
Antrieb	Allrad, Portalachsen, Differentialsperren	
Fußbremse	hydraulisch, Druckluft-Servo	
Radstand mm	2650	3250
Bereifung	9.00/10.00/10.50/12.00/14.50–20 u. a.	
Gesamtmaße mm	4470 x 2100 x 2620	5070 x 2110 x 2660
Eigengewicht kg	4210	5200
zul. Gesamtgew. kg	7500–8500	10 000–10 500
Höchstgeschw. km/h	83	85

Modell	U 1400
Baumuster	427.102
eingeführt	1987
Motor	Direkteinspritz-Diesel OM 366 A mit Abgas-Turbo
Zylinder	6
Bohrung x Hub mm	97,5 x 133
Hubraum cm³	5958
Leistung PS (kW)	136 (100)/2400
Getriebe	8 Haupt-, 8 Arbeits-, 8 Kriechgänge = 24 Vorwärtsgänge, alle rückw.- umschaltbar
Antrieb	Allrad, Portalachsen, Differentialsperren
Fußbremse	hydraulisch, Druckluft-Servo
Radstand mm	2650
Bereifung	9.00/10.00/10.50/12.50/14.50–20 u. a.
Gesamtmaße mm	4470 x 2100 x 2620
Eigengewicht kg	4210
zul. Gesamtgew. kg	7500–8500
Höchstgeschw. km/h	83

Modell	U 1000
Baumuster	427.100
eingeführt	1987
Motor	Direkteinspritz-Diesel OM 366
Zylinder	6
Bohrung x Hub mm	97,5 x 133
Hubraum cm³	5958
Leistung PS (kW)	102 (75)/2400
Getriebe	8 Haupt-, 8 Arbeits-, 8 Kriechgänge = 24 Vorwärtsgänge, alle rückw.- umschaltbar
Antrieb	Allrad, Portalachsen, Differentialsperren
Fußbremse	hydraulisch, Druckluft-Servo
Radstand mm	2650
Bereifung	9.00/10.00/10.50/12.50/14.50–20 u. a.
Gesamtmaße mm	4470 x 2100 x 2620
Eigengewicht kg	4160
zul. Gesamtgew. kg	7500–8500
Höchstgeschw. km/h	83

Modell	U 1600
Baumuster	427.105
eingeführt	1987
Motor	Direkteinspritz-Diesel OM 366 A mit Abgas-Turbo
Zylinder	6
Bohrung x Hub mm	97,5 x 133
Hubraum cm³	5958
Leistung PS (kW)	156 (115)/2400
Getriebe	8 Haupt-, 8 Arbeits-, 8 Kriechgänge = 24 Vorwärtsgänge, alle rückw.- umschaltbar
Antrieb	Allrad, Portalachsen, Differentialsperren
Fußbremse	hydraulisch, Druckluft-Servo
Radstand mm	2650
Bereifung	9.00/10.00/11.00/12.50/14.50–20 u. a.
Gesamtmaße mm	4470 x 2170 x 2655
Eigengewicht kg	4650
zul. Gesamtgew. kg	9000–10 000
Höchstgeschw. km/h	83

Luftaufnahme des Unimog-Werkes der Daimler-Benz AG in Gaggenau, an den Ausläufern des nördlichen Schwarzwaldes gelegen.

ANFANG

Links: Ein Unimog im Einsatz zum Beseitigen der letzten Schneereste vor den Toren Salzburgs.

Unten: Unimog U 416 von 1966 mit einer durch Nebenabtrieb arbeitenden Pumpe am Bug beim Geländetest.

Unimog U 1200 der Gemeinde Saalbach. Früher mußten Ackerschlepper diese Arbeiten verrichten …

Modell	U 1700
Baumuster	437.100
eingeführt	1987
Motor	Direkteinspritz-Diesel OM 366 A mit Abgas-Turbo
Zylinder	6
Bohrung x Hub mm	97,5 x 133
Hubraum cm^3	5958
Leistung PS (kW)	170 (125)/2600
Getriebe	8 Haupt-, 8 Arbeits-, 8 Kriechgänge = 24 Vorwärtsgänge, alle rückw.- umschaltbar
Antrieb	Allrad, Portalachsen, Differentialsperren
Fußbremse	hydraulisch, Druckluft-Servo
Radstand mm	2810
Bereifung	12.00/13.00/14.50–20, 14.50–24, 16/70–24 u. a.
Gesamtmaße mm	4750 x 2340 x 2660
Eigengewicht kg	5400
zul. Gesamtgew. kg	10 600–12 000
Höchstgeschw. km/h	84

Modell	U 1150
Baumuster	417.110
eingeführt	1988
Motor	Direkteinspritz-Diesel OM 352
Zylinder	6
Bohrung x Hub mm	92 x 128
Hubraum cm^3	5657
Leistung PS (kW)	110 (81)/2800
Getriebe	8 Haupt-, 8 Zwischen-, 6 Kriech-, 6 Superkriechgänge, alle rückw.- umschaltbar
Antrieb	Allrad, Portalachsen, Differentialsperren
Fußbremse	hydraulisch, Druckluft-Servo
Radstand mm	2900
Bereifung	10.50/12.50/14.50–20 u. a.
Gesamtmaße mm	4620 x 2040 x 2560
Eigengewicht kg	3490
zul. Gesamtgew. kg	6500–8000
Höchstgeschw. km/h	81

Modell	U 650
Baumuster	407.110
eingeführt	1987
Motor	Direkteinspritz-Diesel OM 616
Zylinder	4
Bohrung x Hub mm	92 x 92
Hubraum cm^3	2399
Leistung PS (kW)	80 (44)/3500
Getriebe	8 Haupt-, 8 Zwischen-, 6 Kriech-, 6 Superkriechgänge, alle rückw.- umschaltbar
Antrieb	Allrad, Portalachsen, Differentialsperren
Fußbremse	hydraulisch, Druckluft-Servo
Radstand mm	2605
Bereifung	10.50/12.50–18, 10.50–20, 275/80R20 u. a.
Gesamtmaße mm	4375 x 1895 x 2450
Eigengewicht kg	2820
zul. Gesamtgew. kg	4500–5800
Höchstgeschw. km/h	78

Modell	U 1250	U 1450
Baumuster	427.110	427.111
eingeführt	1988	1988
Motor	Direkteinspritz-Diesel OM 366 A mit Abgas-Turbo	
Zylinder	6	6
Bohrung x Hub mm	97,5 x 133	97,5 x 133
Hubraum cm^3	5958	5958
Leistung PS (kW)	125 (92)/2400	136 (100)/2400
Getriebe	8 Haupt-, 8 Arbeits-, 8 Kriechgänge über Vorschaltgetriebe, alle rückw.- umschaltbar	
Antrieb	Allrad, Portalachsen, Differentialsperren	
Fußbremse	hydraulisch, Druckluft-Servo	
Radstand mm	3250	
Bereifung	9.00/10.00/10.50/12.50/14.50–20 u. a.	
Gesamtmaße mm	5100 x 2100 x 2620	
Eigengewicht kg	4600	
zul. Gesamtgew. kg	7500–8500	
Höchstgeschw. km/h	83	

KEH-S 506
UNIMOG
1250

Links: Der U 1200 ist sicher einer der am häufigsten zu Winterdiensten eingesetzte Unimog.

Unten: Blick zurück in die frühen fünfziger Jahre: Nutzfahrzeugbau bei Daimler-Benz.

Modell	U 1750
Baumuster	437.112
eingeführt	1988
Motor	Direkteinspritz-Diesel OM 366 A mit Abgas-Turbo
Zylinder	6
Bohrung x Hub mm	97,5 x 133
Hubraum cm^3	5958
Leistung PS (kW)	170 (125)/2600
Getriebe	8 Haupt-, 8 Arbeits-, 8 Kriechgänge über Vorschaltgetriebe, alle rückw.- umschaltbar
Antrieb	Allrad, Portalachsen, Differentialsperren
Fußbremse	hydraulisch, Druckluft-Servo
Radstand mm	3250
Bereifung	9.00/10.00/11.00/12.50/14.50–20 u. a.
Gesamtmaße mm	5210 x 2340 x 2650
Eigengewicht kg	5650
zul. Gesamtgew. kg	10 000–12 000
Höchstgeschw. km/h	84

Modell	U 1650
Baumuster	427.115
eingeführt	1988
Motor	Direkteinspritz-Diesel OM 366 A mit Abgas-Turbo
Zylinder	6
Bohrung x Hub mm	97,5 x 133
Hubraum cm^3	5958
Leistung PS (kW)	156 (115)/2400
Getriebe	8 Haupt-, 8 Arbeits-, 8 Kriechgänge über Vorschaltgetriebe, alle rückw.- umschaltbar
Antrieb	Allrad, Portalachsen, Differentialsperren
Fußbremse	hydraulisch, Druckluft-Servo
Radstand mm	3250
Bereifung	9.00/10.00/11.00/12.50/14.50–20 u. a.
Gesamtmaße mm	5100 x 2170 x 2655
Eigengewicht kg	4940
zul. Gesamtgew. kg	9000–10 000
Höchstgeschw. km/h	83

Unimog-Produktion 1951–1986

Typ	Bezeichnung	kW/PS	1951–1977	1978	1979	1980	1981	1982	1983	1984	1985	1986	seit Baubeginn
Unimog D	403	40–53/54–72	4 430	118	113	100	67	45	53	32	34	24	5 016
Unimog D	406	48–74/65–100	30 518	1 421	1 334	941	608	505	472	331	321	298	36 749
Unimog D	413	59/80	388	19	62	19	63	7	3	18	39	9	627
Unimog D	416	59–92/80–125	25 327	3 008	1 864	3 187	2 681	2 035	1 670	812	316	819	41 719
Unimog D	421	25–44/34–60	12 386	668	626	601	1 162	776	574	519	1 238	210	18 760
Unimog D	424	66/90	640	864	1 244	1 063	931	845	882	1 022	1 162	1 200	9 853
Unimog D	425	88–110/120–150	851	398	539	259	217	191	142	156	111	138	3 002
Unimog D	435	96–125/130–170	– 18	753	1 609	2 020	2 088	6 093	3 304	3 218	3 413	3 424	25 940
Unimog D	419										5	132	137
alte DB-Typen			59 227										59 227
Unimog D zusammen			133 785	7 249	7 391	8 190	7 817	10 497	7 100	6 108	6 639	6 254	201 030
Unimog S	404	60–74/82–100	63 420	53	758	11							64 242
Unimog SH	405		15										15
Unimog S zusammen			63 435	53	758	11							64 257
Unimog gesamt			197 220	7 302	8 149	8 201	7 817	10 497	7 100	6 108	6 639	6 254	265 287

Erprobung im Wassertest: Dank seiner »Hochbeinigkeit« durch Portalachsen und große Räder hat der Unimog eine Wat-Tiefe von mehr als einem halben Meter.